视觉传达设计
必修课

Visual Communication Design
Compulsory Course

国家级一流本科专业
建设点配套教材

方　敏　丛书主编
杨朝辉　丛书副主编
吴秀珍　王志萍　杨朝辉　编著

# 版式设计

化学工业出版社

·北京·

丛书编委会名单

丛书主编：方　敏
丛书副主编：杨朝辉
编委会成员：方　敏　杨朝辉　张　庆　吴秀珍　王亚亚　陈　晓　李　壮　赵志新
　　　　　　项天舒　孙同文　吕思狄　孙福坤　付继香　杨奥然　付冰瑜　曾思源
　　　　　　陈一飞　赵昱婷　王志萍　尹广蔚　王　璨　侯晓祎

## 内容简介

本书涵盖导论、基础理论及实战应用三个板块，共6章内容；其一，版式设计导论，包括基础概念、应用范畴、版面方法、版式设计的流程；其二，版式设计的溯源与发展，阐述版式设计在东西方历史发展上早期的样式与影响；其三，版式设计中的网格系统，讲解网格系统的基础概念知识及具体的应用方法；其四，版式设计中的视觉流程，讲解不同的视觉流程类型及层级关系；其五，版式设计中的视觉元素，讲解设计元素的应用方法与技巧；其六，版式设计的实战应用，讲解不同媒介载体的版式设计原则与技巧。

本书将理论与实践深度融合，紧跟数字化技术趋势，引入新近设计案例，展现跨界融合的前瞻性。同时，深度挖掘创作思路，揭秘设计师的灵感来源与问题解决策略，助力掌握版式设计精髓，适应多元化设计需求。本书可作为高等院校艺术设计相关专业教材，也可以供艺术设计从业者阅读参考。

**图书在版编目（CIP）数据**

版式设计/吴秀珍，王志萍，杨朝辉编著. -- 北京：
化学工业出版社，2025. 6. --（视觉传达设计必修课 /
方敏主编）. -- ISBN 978-7-122-47755-2

Ⅰ. TS881
中国国家版本馆CIP数据核字第2025BP3560号

责任编辑：徐　娟　　　　　　版式设计：付继香
责任校对：宋　夏　　　　　　封面设计：孙同文　付继香

出版发行：化学工业出版社（北京市东城区青年湖南街 13 号　邮政编码 100011）
印　　装：天津市银博印刷集团有限公司
787mm×1092mm　1/16　印张 11　字数 250 千字　2025 年 9 月北京第 1 版第 1 次印刷

购书咨询：010-64518888　　　　　　售后服务：010-64518899
网　　址：http://www.cip.com.cn
凡购买本书，如有缺损质量问题，本社销售中心负责调换。

定　价：78.00 元　　　　　　　　　　　　　　　版权所有　违者必究

# 写在前面的话

在数字技术的浪潮中，视觉传达设计行业正经历着双重维度的范式重构：以 5G 网络、移动互联与大数据技术构建的底层基础设施，催生了动态影像、虚实交互与数据可视化等新兴领域；而人工智能与大语言模型的技术突破，则从创作逻辑层面颠覆了传统设计流程。每一次技术迭代都在重塑行业的价值坐标，面对技术革命，我们既无需陷入"算法替代设计"的焦虑，也不必陷入"AIGC 技术崇拜"的迷思，人工智能的本质是认知放大镜而非设计替代者。在技术普惠的时代，培养认知素养与提升智能工具协同能力，才是专业的"护城河"，亦是未来视觉传达设计的核心法则。本书旨在为读者打破传统学科壁垒，构建适应未来趋势的视觉传达设计知识体系。

本丛书以"视觉传达设计必修课"为主题，推出《版式设计》《标志设计》《品牌形象设计》《图形创意（第二版）》《字体设计（第二版）》《包装设计（第二版）》《信息可视化设计（第二版）》七本。此前，"视觉传达设计必修课"系列已出版十余本，积淀了丰富的教学资源与设计实践经验。此批新书的出版，既是对新技术环境下培养创新设计人才需求的回应，更是通过联合头部企业的一线设计师团队，将真实的设计项目案例引入教材，形成理论教学与产业实践的耦合。

本丛书是国家社科基金艺术学重大项目"中国品牌形象设计与国际化发展研究"的阶段性成果，以及苏州大学国家级一流本科专业建设成果。本丛书充分反映新质设计力的内在要求：更新的设计视野、更广的行业领域、更前沿的技术驱动，即以设计发展新需求、新变化、新阶段、新特征为依据，将设计与现代信息技术等其他产业集群相融合，为广大读者推介具有启发性、探索性和创新导向的视觉传达设计理论、方法、经验和思想。让我们搭载新质设计力之帆，寻访新技术与视觉传达设计未来发展的新路径。

苏州大学艺术学院作为我国设计教育创新实践基地，依托国家级艺术设计人才培养实验区及省级示范教学实验中心，通过持续完善教学基地建设，已构建"设计 + 技术、文化 + 创意、产业 + 效益"的创新教育体系。在学院搭建的优质平台与领导层的高度重视，以及化学工业出版社的专业团队与丛书编委会的高效协作下，本丛书得以顺利出版。值此出版之际，谨向致力于推进中国设计教育事业的专家、出版同仁致以崇高敬意与衷心感谢！

方敏

2025 年 6 月

# 目录
## CONTENTS

# 版式设计导论

## 第1章

**内容关键词**

概述　目的　应用范畴　版面利用　印刷工艺

**学习目标**

理解版式设计的基本概念
了解版式设计的应用范畴
学习版式设计的印刷工艺

# 1.1 版式设计概述

版式设计贯穿于视觉传达的始终，几乎涵盖所有视觉类设计领域。如品牌设计、动画设计、展陈设计、用户界面（UI）设计、数字媒体艺术、工业设计中都涉及版式设计。版式设计的作品，无论是应用于传统的印刷制作，还是新兴的线上传播，都展现出其强大的适用性和功能性。它不仅是设计类专业学生必修的基础课程之一，也是每位设计师必须精通的基本功之一，更是设计学科中适用范围最广、最具普遍意义的专业技能之一。

那什么是版式设计？"版式"可理解为"版"和"式"。"版"涵盖了各种类型的版面；"式"则强调方式与技巧，将元素进行有目的、有策略的编排和布局，排版出适合阅读的版面，带来愉悦的视觉体验。

设计精良的菜单能够让我们迅速了解餐厅的菜品和特色；布局合理的说明书能够帮助我们快速掌握产品的使用方法和注意事项；美观大方的日历能够让我们在忙碌的生活中享受片刻的宁静。这些美妙的视觉体验都离不开一个词——组合。只有合理的组合才会呈现美的视觉形式，而在平面设计领域，对视觉元素进行组合，用设计语言来说就是"版式设计"。

版式设计的应用不局限于印刷品或数字界面，它无处不在，深深植根于我们日常生活的每一方面，像一座隐形的桥梁，无声无息地连接我们与世界。从这一层面上说，版式设计既是一种设计技巧和艺术形式，更是一种生活态度和方式（图1-1）。

图1-1　2024 巴黎奥运会视觉识别设计，Graphéine，法国，2020

法国 Graphéine团队为2024巴黎奥运会设计的视觉识别，将埃菲尔铁塔异构成运动跑道，使流畅的曲线、快速的线条穿插在版面之中，传达体育的运动感与速度感，让人身临奥运的激情之中。

### 1.1.1 概念

版式设计在英文中通常被翻译为"Typesetting"或"Layout Design"。"Typesetting"侧重于排版的技术性和实际操作，主要指在印刷或出版过程中，将文字、图片等元素按照特定的格式和布局安排在页面上的过程。"Layout Design"更强调设计的整体性和视觉效果，使用范围更加广泛，它不仅包括文字的排版，还涵盖页面的布局、配色、图形设计等整体设计元素。"版式"在《国语辞典》中的释义为"古代书籍刊物版面的格式"，而"Layout"在《现代英汉综合大辞典》中的释义为"具有布局、布置、安排、设计等"，可见中英文的版式都具有编排、规划、设计的意思。

### 1.1.2 目的

#### ■ 传递信息

对信息进行传递是版式设计最重要的目的。版式设计通过合理的信息分组和层级划分，使复杂的信息内容变得条理清晰、层次分明。这有助于观者快速地抓住重点信息，提高阅读的效率。同时，层次分明的版面设计也增强了整体的视觉美感和节奏感。

在信息爆炸的时代，版式设计的重要性愈发凸显。无论是地铁广告、超市的促销海报，还是手机应用（App）的界面，版式设计都在默默地引导我们获取信息。设计师往往针对其受众人群的特点，使用不同的编排技巧，对文字、图片或色彩进行信息层级和占比面积等方面的处理，从而使得版面的信息内容具有清晰、条理和直观的特点（图 1-2）。

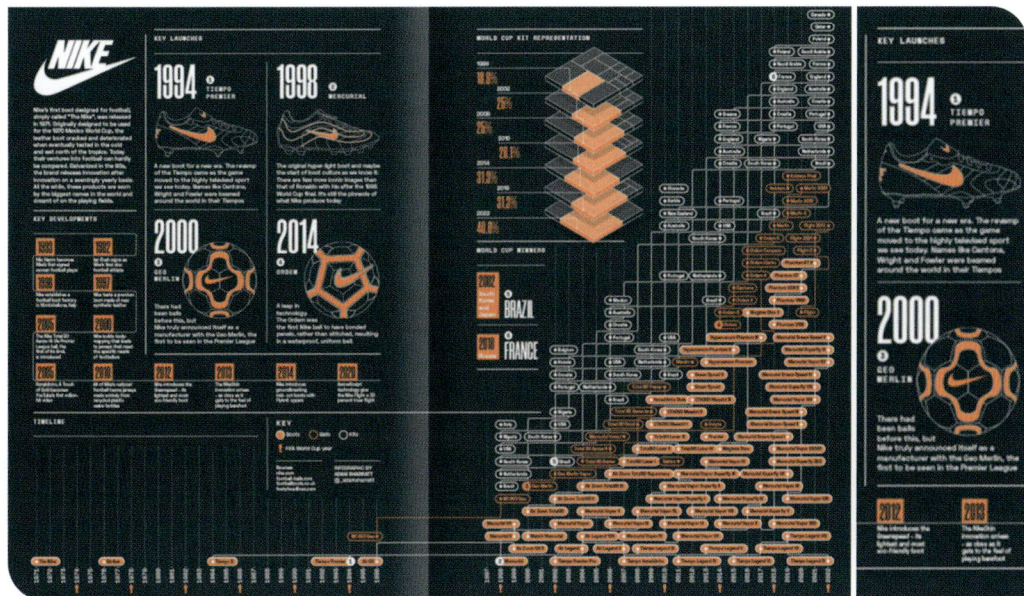

图1-2　足球时代×耐克信息可视化设计，Adam Sharratt，英国，2022

■ **美化版面**

版式设计不仅承担着信息有效传递的职责，还具备显著的美化版面功能。这种美化作用不仅提升了视觉吸引力，还增强了信息的可读性和易理解性，从而提升了整个作品的艺术价值和观赏体验。版式设计通过精心安排各个视觉元素（如文字、图片、线条等）的位置、大小和比例，运用色彩、构图、形式美法则等艺术手段，使整体版面呈现出平衡和谐的美感。这种美感不仅体现在单个元素的精致设计上，更体现在整体版面的和谐统一和独特风格上（图1-3）。

■ **浏览体验**

优秀的版式设计总是可以带给人们一种轻松愉快的阅读感受。无论是传统的纸质书籍、杂志，还是现代的电子书、网页文章，版式设计都直接影响着我们的阅读体验。合理的字体大小、行距、段落间距，以及合适的图片和图表插入，都将使阅读变得更加轻松和愉悦（图1-4）。

图1-3　Tomatier Snacks包装设计，Meteorito Estudio，西班牙，2024

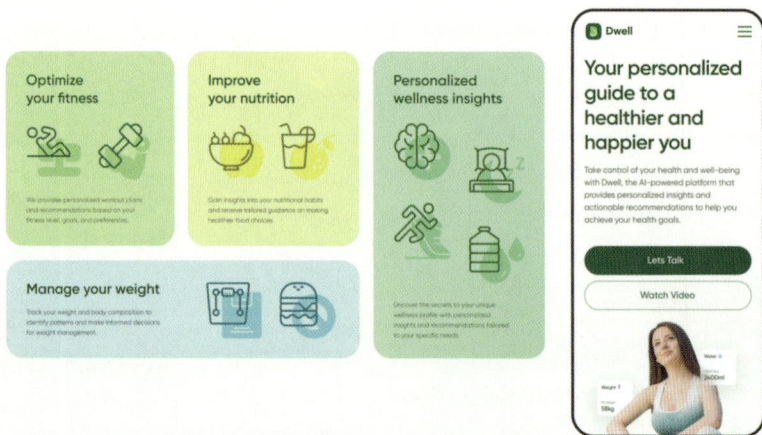

图1-4　Dwell-Fitness网页界面设计，Fahema Yesmin，孟加拉国，2024

■ 形象认知

　　版式设计也是形象传播的重要工具。小到品牌形象，大到城市形象，视觉元素的运用和组合，可以传递形象、情感和理念。以品牌形象为例，从品牌的标志到产品包装，再到宣传物料，版式设计的风格和内容都在传递着品牌的理念和价值观，在版式设计的过程中不仅提升了产品的美观度，更增强了消费者对品牌的认知度和忠诚度。

　　图1-5是为Huspy公司设计的品牌视觉识别。Huspy公司的总部位于阿拉伯联合酋长国迪拜和西班牙马德里，是一个房地产领域的线上服务平台，主攻业务为房地产相关领域。该品牌视觉识别作品的设计语言以文字的编排为主，主标题重点突出"Huspy"品牌名，副标题内容展现该公司的品牌标语，利用强烈的色彩对比效果，吸引观者的注意力，清晰且快速地传递了品牌形象及信息。

图1-5　Huspy ™ 品牌形象设计，Codea Studio，西班牙，2022

### 1.1.3 应用范畴

随着计算机的普及与互联网技术的发展，版式设计的应用范畴逐渐扩大，可以归纳为印刷媒介、数字媒介、综合媒介三种。从设计制作而言，设计师利用计算机软件技术和工具，能够快速、灵活地创作出适应不同需求和应用场景的版式作品。从应用载体而言，互联网为版式设计提供了更广阔的应用范畴与展示平台。

■ 印刷媒介

印刷媒介是通过印刷技术，将版式设计呈现在纸张或其他承印物上，以形成信息传播载体。印刷媒介覆盖了广泛的视觉沟通和表现方式，比如包装设计（图1-6、图1-7）、广告设计、书籍装帧设计，以及海报、报纸、杂志、菜单、宣传册、名片、导视、标识、信息可视化等大量内容，是版式设计中应用频率最高的一种媒介载体。

图1-6　POGGIO DEL FARRO食品包装设计，AUGE Design，法国，2023

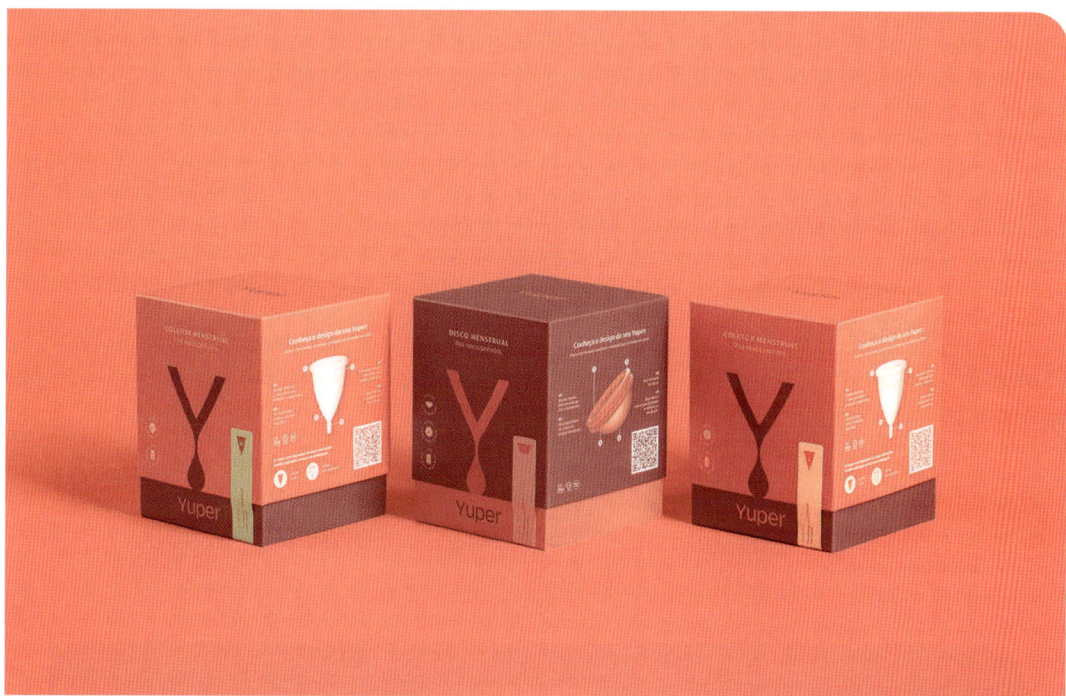

图1-7　Yuper包装设计，StudioBah，巴西，2021

■ **数字媒介**

步入数字化、网络化的信息时代，互联网技术广泛而深刻地影响着社会的生产生活，也催生了现代艺术设计的新纪元，开启了现代版式设计的革新之旅。一个融传统形式与数字媒体于一体的版式设计新形态——数字媒介应运而生。版式设计的应用范畴不再局限于印刷媒介，而是扩展出数字媒介，甚至于版式设计在数字媒介中的应用比在印刷媒介中更加广泛。数字媒介具有互动性、动态性、多媒体融合、即时更新与发布以及数据跟踪与分析等特点。这些特点使得数字媒介成为现代版式设计应用中不可或缺的一部分。

数字媒介分布广泛（图1-8~图1-10），如手机、平板电脑、掌上游戏机、智能手表、汽车中控屏、智能家居设备等多种数字电子设备，具体可以分为以下几类：电脑端网页界面设计、移动端用户界面设计、物联网产品界面设计、电子出版物、广告与营销、电商设计、数字内容制作与传播。

图1-8 华为手表界面设计，中国，2024

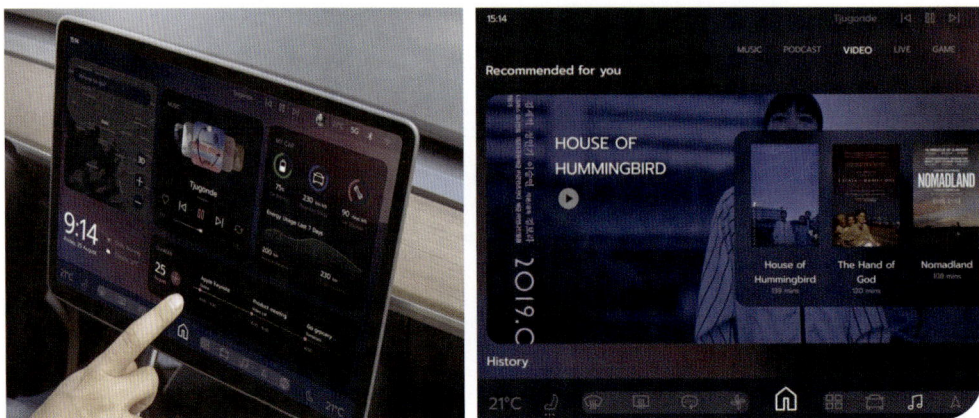

图1-9 电动汽车人机交互界面概念设计，Jules，比利时，2022

图1-10　发电机仪表盘UI/UX设计，HALO LAB，美国，2024

　　该作品为美国菲尼克斯电气公司发电机和能源管理系统仪表板界面设计。该设计将科技与美学相结合，不仅创建了一个视觉上引人注目的界面，还从用户体验方面考虑了界面的易用性、可扩展性。在配色上，选用橙黄色、灰色和黑色，强烈的色彩对比突出视觉效果。字体采用无衬线型，给人以刚硬、简约大气、时尚的印象。

■ 综合媒介

版式设计的应用远不止传统的印刷媒介与新兴的数字媒介，在服装、展陈（图 1-11）、建筑、景观、雕塑等众多非传统媒介，版式设计的原理与技巧同样得到了广泛的应用与深入的融合。这些多样化的媒介，无一不依赖于版式设计的原理来优化视觉信息的组织与呈现，从而提升作品的审美价值、实用性和传播效果。

图 1-12 是以"Freedom"（自由）为主题创作的装置艺术，运用视觉元素来表现数字时代的自由，通过版式设计，展现"自由"概念的丰富内涵，激发观者对于不同时代自由价值的深刻思考与共鸣。图 1-13 是爱马仕品牌的展陈设计，不仅注重色彩、字体、布局等版式要素的精心搭配，更通过独特的创意和主题构思，将品牌精神与产品特色巧妙融入每一个细节之中。

图1-11　BWA弗罗茨瓦夫城市建筑展览，Paulina Urbańska，波兰，2018

图1-12　"Freedom"主题装置艺术设计，Aheneah，葡萄牙，2023

图1-13　爱马仕品牌展陈设计，Happycentro Design Studio，意大利，2023

## 1.2 版式设计的前期准备

在进行版式设计工作之前，可以从以下几个方面进行前期准备，以确保版式设计的系统性和高效性。

### 1.2.1 理解设计需求

理解设计需求是设计过程中至关重要的第一步，它为整个设计过程提供了明确的方向和基础。设计师需要从以下方面理解设计需求。

（1）明确设计目的和主题。在开始接触设计项目时，需要对其进行全面的调研分析，明确版式设计的目的和主题。这是版式设计流程中必不可少的前期准备工作。

（2）分析目标受众群体。不同的目标受众群体对版式设计的喜爱程度不尽相同，了解目标受众的年龄、性别、职业、文化背景、阅读习惯等信息，有助于设计出更符合他们需求的版面。

（3）明确设计风格和调性。根据设计目的和受众群体，确定设计的风格和调性，如古典、现代、简约、科技等，以确保设计的整体性和一致性。

（4）了解设计要求和限制。详细了解版式设计的要求，如尺寸、色彩、字体、图片、风格、受众等方面的具体要求，以及可能存在的限制条件，如应用场景、预算、时间等。以图1-14为例，这是一个博物馆网站的网页设计，针对其版式设计需要考虑网页尺寸、系统适配、技术规范、素材版权等要求。

图1-14 某博物馆网站网页设计，Giulio Cuscito，意大利，2023

## 1.2.2 选择设计软件

选择合适的设计软件、设定恰当的色彩模式以及使用正确的文件格式，是确保版式设计工作高效、专业且可执行的关键。

版式设计常用设计软件（图1-15）。

Adobe Photoshop。这是一款强大的图像处理软件，擅长处理照片和复杂的图像效果，适用于版式设计中的图像修饰和创意图像合成。

图1-15　版式设计常用设计软件图标

Adobe Illustrator。这是一款应用于出版、多媒体、在线图像的工业标准矢量绘图软件，具有高精度的特性，拥有强大的设色功能和灵活的操作界面，适合创建可无限放大的图形和图标。适用于版式设计中的图形元素创作、品牌标志设计等。

Adobe InDesign。这是一款专业的排版软件，用于杂志、报纸、书籍和电子书等长文档的排版编辑工作。它具备以下优势：自动创建页码；便于管理图像文件；支持复杂的版式布局；批量处理文本，并进行分栏调整；支持创建多种字符和段落样式。

CorelDRAW。这是一款矢量图形编辑器和版式设计软件，与Illustrator类似，操作简单，功能强大，适用于创建复杂的版式和图形设计。

表1-1通过表格形式对版式设计常用的文件格式进行详细说明。

**表1-1　版式设计常用文件格式**

| 文件格式 | 特点 |
| --- | --- |
| JPG | 主要用于存储和传输图像，支持高压缩比，能够在保持较高图像质量的同时显著减小文件大小 |
| TIF | 存储高质量的图像数据，无损压缩，不损失图像数据。支持分层编辑和合层编辑 |
| PNG | 主要用于存储和传输图像，支持透明背景，适合需要透明效果的图像 |
| PSD | 由Adobe Photoshop创建、编辑、存储和输出的图像文件。支持多层编辑，允许设计师灵活编辑和调整图像元素。包含通道，用于存储图像的不同颜色信息。支持保存各种特殊效果和样式 |
| AI | 矢量图形文件格式，主要用于创建插图、标志和图表，支持无限缩放而不失真。支持分层文件，可以对图形内的层进行操作。适用于卡通造型、商业插画、视觉识别系统和用户界面设计等 |
| CDR | 由CorelDRAW软件创建的矢量图形文件格式。广泛应用于平面设计、插图和标志设计。支持多页和图层管理，适合复杂图形设计。可编辑性高，支持调整图形的大小、形状、颜色等 |
| EPS | 常用的矢量图形文件格式，矢量图形软件中打开和编辑。支持透明度效果，可与其他元素混合和叠加。常用于印刷和出版行业，图像质量和清晰度较高 |

### 1.2.3 管理文本与图片

■ 文本处理

（1）确定关键词与主题。通过关键词和主题来选择版面呈现的重心和设计元素（如色彩、字体）。确保关键词和主题在设计中得到适当强调，提高信息的可识别性和记忆度。

（2）内容结构规划。选择合适的文案作为版面的主标题、副标题，区分文案信息的层级关系，精准地表达设计项目对于信息内容传递的诉求（图1–16）。

（3）内容审核与编辑。仔细阅读并审核文本内容，确保其准确性、完整性和清晰度。去除冗余信息，精简语言，使内容更加精炼、易于理解。检查语法、拼写和标点符号错误，确保文本的专业性和可读性（图1–17）。

（4）考虑可读性。根据文本的长度和复杂性，选择合适的字体、字号和行间距。确保文本与背景之间有足够的对比度。使用适当的对齐方式，以保持文本的整洁和一致性（图1–18）。

（5）版本控制与备份。在设计过程中，定期保存文本内容的不同版本，以防意外丢失。使用版本控制系统来跟踪和管理文本内容的更改历史。

（6）协作与沟通。确保团队成员之间保持良好的沟通和协作。使用项目管理工具或协作平台来共享文本内容、讨论更改建议并跟踪进度。

（7）测试与反馈。在完成初步设计后，邀请目标受众或相关专家进行测试和反馈。根据反馈结果对其进行调整和优化。

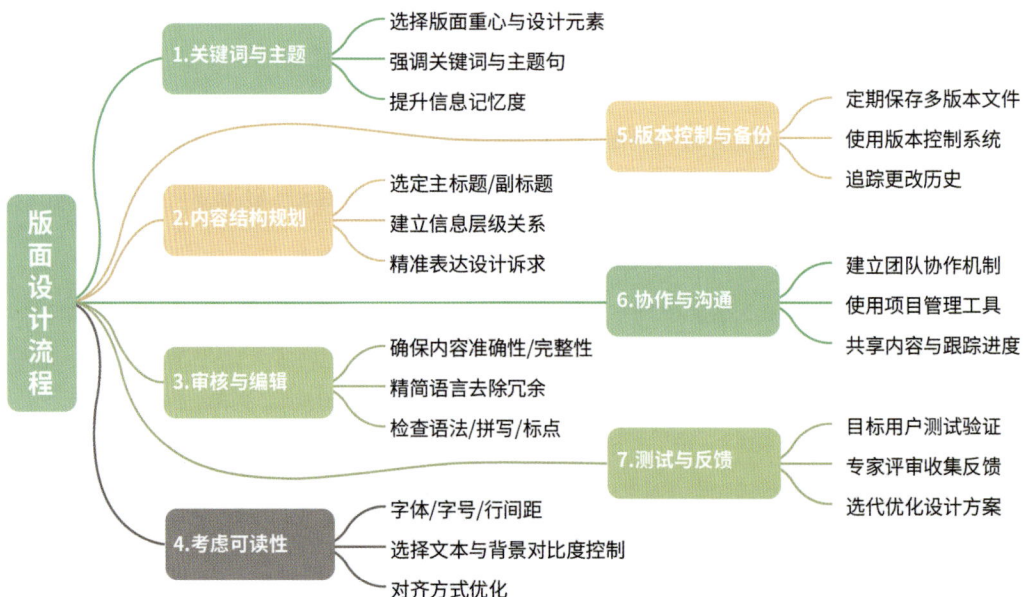

图1-16 结构规划图

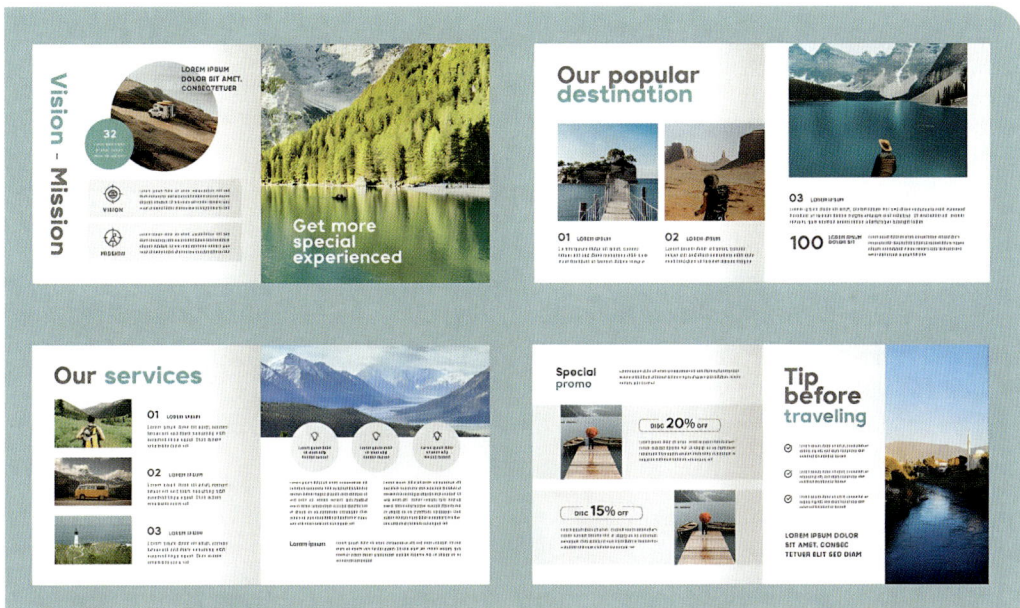

图1-17　旅行社宣传册，Sharon·Davis，意大利，2024

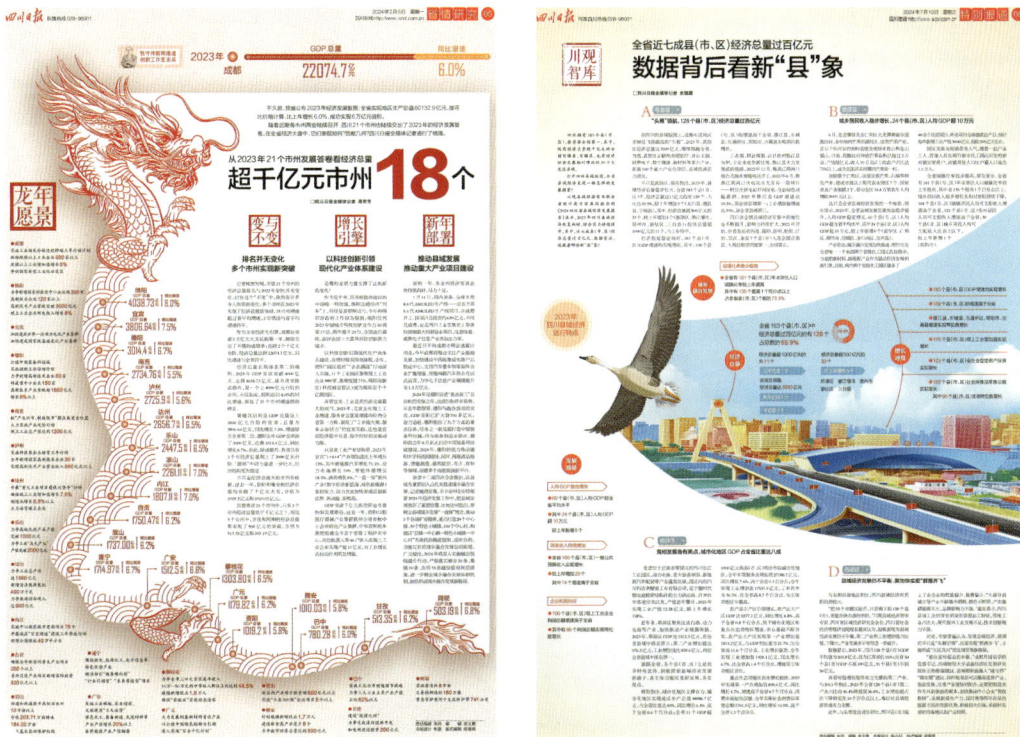

图1-18　《四川日报》版式设计，中国，2024

■ 图片处理

（1）图片选择与整理。从大量图片中筛选出高质量、高分辨率的图片。根据设计需求，可对图片进行裁剪，去除不必要的部分，突出主题。

（2）图片调整与优化。根据版面使用需求，使用图像编辑软件调整图片的格式、尺寸、分辨率，优化色彩平衡、对比度和亮度等。一般来说，印刷品需要较高的分辨率（300dpi），网页图片则可以适当降低分辨率以减小文件大小。

（3）图片布局与组合。如果版面中只使用一幅图片，要考虑其位置和大小。多幅图片可通过并置、主次互补或适合形组合等方式进行编排，形成一个整体（图1-19）。

（4）测试与反馈。在完成初步整理后，进行预览和检查，确保图片在版面中的显示效果符合预期。如果可能的话，邀请目标受众或相关人员进行测试和反馈，并进行调整和优化。

通过以上步骤和方法，可以有效地管理文本和图片内容，为后续的设计打下坚实的基础。

图1-19　某职业教育中心媒体宣传，Tofig Kazimov，阿塞拜疆，2023

## 1.3 版式设计的版面利用

### 1.3.1 留白率

留白率是版式设计中至关重要的概念，它指的是版面中未被元素填充区域的比例。留白并非简单的空白，而是通过刻意保留的负空间（如页边距、元素间距、文本行距等）形成的功能性布局策略。其在版式设计中承担着多重功能：通过营造呼吸感和空间感平衡视觉层次，使版面呈现舒适、整洁的美感；同时，适度的留白能减少信息过载，降低视觉疲劳，提升用户的阅读愉悦度与信息传达效率。

在设计版面时，需要根据具体的设计需求和目标受众来选择合适的留白率。过度的留白可能使版面显得空旷无物，过少的留白则可能使版面显得拥挤不堪。因此，设计师需要有效利用留白率，使版面既能通过负空间营造视觉层次，又能强化信息焦点，实现高效传达（图1-20）。

图1-20　巴塞罗那清酒展主视觉设计，Quim Marin，西班牙，2024

### 1.3.2  版面率

版面率是指版面的信息内容占整个版面的面积比例，具体表现为文字、图片等元素与页面总面积的比值。根据这一比例，可将版面分为满版、空版、低版面率、高版面率，不同的版面率对版面效果有显著的影响。

■  **满版与空版**

满版指的是各元素占满了整个版面空间；空版是版面率为 0，简单来说也就是空白的版面。满版是设计师常用的版式设计手法，图 1-21 展示了国外创意设计师为 BACARDI 品牌新饮品设计的招贴海报，其采用了满版设计，通过满版的图文排布与高饱和度色彩，形成强烈的视觉冲击力，整体的视觉风格呈现出饱和、丰满、视觉冲击力强的特点。

图1-21　BACARDI品牌新饮品招贴海报，Albert Fedchenko，匈牙利，2021

■ 高版面率与低版面率

　　高版面率指版面信息内容所占的面积相对较大，即视觉元素在版面中的占有比例较高。这种版面通常信息量较高，能够呈现出热闹、饱满的版面印象，使人感到版面内容十分丰富，如图1-22所示。

　　低版面率指版面信息内容所占的面积相对较小，即视觉元素在版面中的占有比例较低。这种版面由于信息量较少，能够呈现出平静、淡然的画面印象，能在一定程度上提升作品的品质感，常用于一些需要营造高雅、简洁氛围的版面设计中，如艺术展览的海报等，如图1-23所示。

图1-22　《Independent Banker》杂志封面设计，Made Up工作室，英国，2024

图1-23　芭蕾舞演出海报设计，Ника Шелег，俄罗斯，2021

### 1.3.3 图版率

图版率指的是图片面积与版面总面积的比例。图版率的高低会直接影响版面的视觉效果，传达出不一样的视觉调性。一般来说，当版面的图版率高时，表现力强、画面丰富，视觉冲击力也随之增加，给人热闹、华丽的心理感受；当版面的图版率低时，版面的表现力降低，画面比较简约，给人清冷、简单、干净的心理感受。

图1-24中的品牌"City of the Sun"是一个家庭式教育平台，品牌使命是用爱、知识、智慧让世界变得更友好、更友善。其品牌视觉识别使用了大面积的色彩与少部分文字、图形，图片占比极少。设计师利用低图版率，强调它简约而富有亲和力的品牌形象。

图1-24　City of the Sun品牌设计，Fabula Branding，白俄罗斯，2019

## 1.3.4　跳跃率

### ■　文字跳跃率

文字跳跃率指的是版面中不同文字元素（如标题、副标题、正文等）之间，在大小、字体、粗细、颜色或排列方式等方面的差异程度。不同的文字跳跃率具有不同的视觉感受。如图1–25的食品包装设计中，文字跳跃率较低，版面内文字大小比例接近，对比度较弱，整体呈现出简约、宁静的视觉效果。而图1–26中，主标题与副标题的字号大小及比例差距显著，形成了层次分明、视觉冲击力强以及情感表达丰富的视觉风格。

图1-25　Aktiva酵母包装设计，Rebeka Arce，德国，2022

图1-26　Bioteca食用油包装设计，Fabula Branding，美国，2019

■ 图片跳跃率

　　图片跳跃率与文字跳跃率类似，主要差别在于主体的替换，一个针对的是图片，另一个针对的是文字。图片跳跃率指的是图片在整个版面内的大小比例关系，也就是最大的图片与最小的图片之间的大小比。图片跳跃率可分为高图片跳跃率与低图片跳跃率。

　　图1-27是某餐厅的菜单设计，是典型的高图片跳跃率的版式设计。其页面中图片的大小对比强烈，整体呈现出活泼、生动且热闹的视觉效果，与美食主题高度契合。因此，在运用图片跳跃率时，需结合品牌调性、产品特征及目标用户偏好进行综合考量。

图1-27　餐厅菜单设计，Legoon Pixels，孟加拉国，2024

## 1.4  专题拓展：印刷工艺与尺寸

印刷、从版式设计的角度来看，是一种将经过精心编排和设计的版面内容，通过特定的技术和工艺转移到纸张或其他承印物上的过程。这个过程不仅涉及物理上的复制，更包含了艺术与技术的结合，是版式设计理念的物化体现。

在版式设计过程中，设计师需要考虑到印刷工艺的限制和特点，如油墨的扩散性、纸张的吸墨性、印刷机的分辨率等，以确保设计效果在印刷后能够得到最佳的呈现。同时，还可利用特定的印刷技术，如烫金、UV 处理、凹凸压印等特种印刷工艺，来增强印刷品的质感和视觉效果。

因此，从版式设计角度来看，印刷是一种将设计理念与印刷技术相结合的艺术创作过程。它要求设计师不仅要具备扎实的版式设计技能，还要了解印刷工艺和材料的特性，以便在设计中充分考虑到这些因素，创作出既美观又实用的印刷品。

### 1.4.1  常见的印刷方式

根据不同的印刷技术原理，印刷方式可以分成许多种类，最常见和最主要的有平版印刷、凹版印刷、凸版印刷、网版印刷四类（图 1-28）。

图1-28  各种印刷机

■ 平版印刷（Offset Printing）

平版印刷是一种制版印刷方法。利用油、水相斥的基本原理制作印版，使印版图文部分具有抗水亲油性而着墨，空白部分具有亲水抗油性而不着墨。平版印刷是一种间接的印刷方式，把油墨通过一个装置转移到印刷品上面（图1–29）。

平版印刷应用于常见的彩色印刷品，如各种纸包装、PVC包装、马口铁盒包装、海报、名片、画册、日历等，基本上都采用了平版印刷。

平版印刷的特点是色彩细腻、精度高、印速快、成本低、适用范围广，但颜色不够鲜艳，墨层着色单薄缺少质感，受阳光照射易褪色。

■ 凹版印刷（Gravure Printing）

凹版印刷是一种直接印刷方式。第一步，印版滚筒在储墨槽内滚动，使印版滚筒凹槽部分沾上油墨；第二步，用刮刀装置把多余的油墨去除干净，使油墨只存留在图文部分的网穴之中；第三步，在较大的压力作用下，将油墨转移到承印物表面，获得印刷品（图1–30）。

凹版印刷可以说是印刷界的"半边天"，它和平版印刷一样应用广泛，如各种纸包装、PVC（聚氯乙烯）包装、薄膜包装、瓶贴、烟盒、海报、报纸等。

凹版印刷的特点是墨层厚实、色彩鲜艳、耐印力高、承印物多、印刷速度快。但制版复杂、制版周期长、成本高，不适合印刷量小的印刷品。

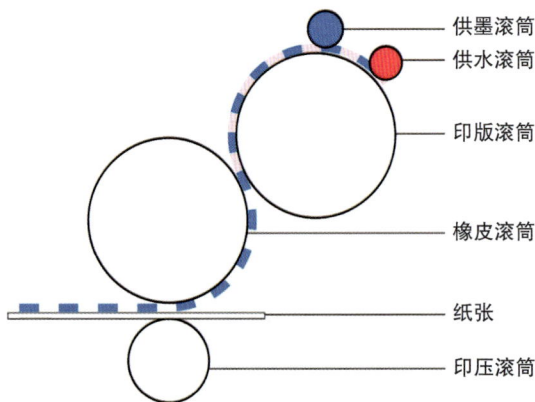

供墨滚筒
供水滚筒
印版滚筒
橡皮滚筒
纸张
印压滚筒

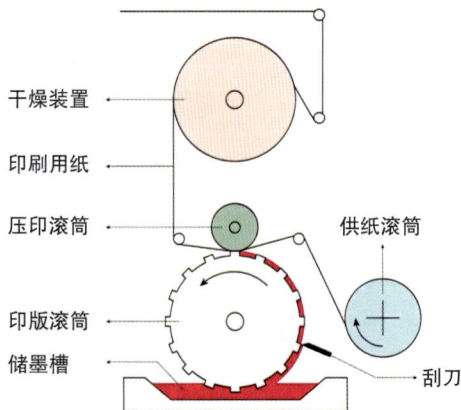

干燥装置
印刷用纸
压印滚筒
供纸滚筒
印版滚筒
储墨槽
刮刀

图1-29　平版印刷机工作原理示意　　　　图1-30　凹版印刷机工作原理示意

■ 凸版印刷（Letterpress Printing）

使用图文部分凸起的印版进行的印刷，称为凸版印刷，简称凸印（图 1–31）。与凹版印刷相反，凸版印刷的印版上，图文部分凸出，与非图文部分形成明显的高度差。凸版印刷历史悠久。例如，唐代的雕版印刷技术，就运用了凸印方法。常见的印章也是凸印的一种。

凸版印刷常被誉为印刷界的"贵族"。这主要因其制版工艺复杂、周期较长，故成本较高，通常用于印制价值较高或要求特殊的物品，如钞票、邮票、高档票据、邀请函、精致包装等。

凸版印刷的特点是能呈现清晰的线条和锐利的边缘，油墨墨层相对厚重、饱满，并可产生独特的凹凸立体感。

■ 网版印刷（Silkscreen Printing）

网版印刷一般指丝网印刷，即采用丝网做版材的一种印刷方式。第一步，根据印刷内容制作网版；第二步，将油墨均匀涂抹在网版上，准备进行印刷；第三步，用刮墨刀将网版上的油墨挤压到承印物上，形成图案。对于多色印刷，需要依次使用不同的网版进行套印（图 1–32）。

网版印刷被认为是印刷界的"全能选手"，设备简单、操作方便、制作成本低、承印材料丰富，平面和曲面皆可印刷，如各种纸包装、PVC 包装、薄膜包装、成衣、商标、布料印花、装帧纸、交通标识牌、无纺布、玻璃瓶、塑料瓶、陶瓷、UV、折光、发泡等。

网版印刷的特点是油墨层厚实、遮盖力强，非常适合在粗糙或非平面的材料上印刷。但套印精度相对较低，导致多色套印效果差，因此不适用于色彩层次丰富的彩色印刷。

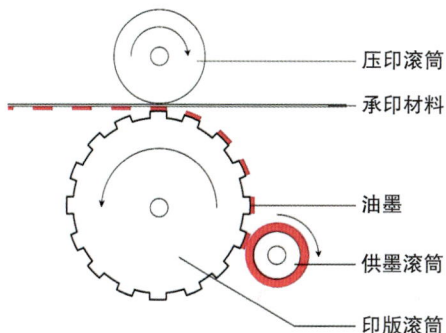

图1-31　凸版印刷机工作原理示意

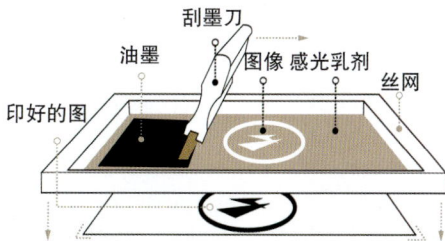

图1-32　网版印刷机工作原理示意

## 1.4.2　常见的印后工艺

在印刷品设计日益受到重视的背景下，除了确保印刷质量达标外，众多企业还愈发注重精美度与独特性的提升。印后工艺，作为印刷品制作流程中的收尾关键，通过精细的加工处理为印刷品增添了视觉吸引力与高档质感，进一步满足市场对高品质印刷品的多元化需求。

### ■　烫印

烫印又称电化铝烫印，是利用热压转移的原理，将电化铝中的金属层转印到承印物表面以模拟特殊的金属效果。烫印能够在印刷品表面形成鲜明的金属光泽，这种光泽与周围的印刷色彩形成鲜明对比，从而显著提升视觉冲击力（图1-33）。

### ■　上光工艺

上光工艺也称 UV 工艺，是印刷行业中一种重要的特种油墨处理工艺。上光工艺能够使印刷品表面呈现出高亮度的光泽效果，设计师可以利用上光工艺来突出版面中的重点元素，如标题、图标、标志等，使其在众多信息中脱颖而出，吸引读者的注意力（图1-34、图1-35）。

图1-33　烫金工艺

图1-34　上光工艺

图1-35　烫金和上光工艺综合使用

■ **覆膜工艺**

覆膜工艺是印刷后的一种表面加工工艺，也称为印后过塑、印后裱胶或印后贴膜。根据物理特性，分为亮光和亚光两种。覆膜能够提升印刷品色彩的鲜艳度和光泽度，使图文更加生动立体，增强视觉效果，提升整体品质感。覆膜工艺能赋予印刷品高贵、典雅的气质，显著提升印刷品的档次与附加价值。此外，在竞争激烈的市场中，覆膜工艺还能帮助产品在视觉上脱颖而出，形成差异化竞争优势。

■ **起凸 / 压凹 / 压纹工艺**

总称为压印工艺，是一种使用凹凸模具，在一定的压力和温度作用下，使承压材料（如PVC、铝材、木板、纸张等）产生变形，形成一定图案的加工工艺。这种工艺能够显著增强材料的艺术感染力，使版面中的某些部分更加突出，形成视觉焦点（图 1-36）。

图1-36　压印工艺

紫色书籍封面上的复杂图案，运用压凹工艺进一步丰富了视觉层次，提升了书籍整体的质感，使读者在翻阅之前就能感受到书籍的精致与专业。外包装上方的酒杯标志，通过起凸印工艺塑造了标志的立体感，增强了包装的视觉冲击力，使标志更加醒目和高端。

### 1.4.3 印刷的出血位设置

出血位是印刷或设计文件制作时预留的边缘扩展区域，用于确保成品裁切后画面完整、不留白边。通常为页面四周外延的 3~5mm 范围，可避免因裁切误差导致内容缺失或出现空白。在最终提交设计文件前，建议与印刷厂进行沟通，确认出血位的设置要求和裁切精度等信息，以确保印刷品的质量。

### 1.4.4 印刷纸张的尺寸与开本

■ 印刷纸张的尺寸

国际通用纸张尺寸体系遵循 ISO（国际标准化组织）216 标准，分为 A、B、C 三大系列，其特性是所有规格均保持固定的长宽比，确保对折后比例不变。

A 系列。以 A0 的幅面尺寸为基准，每次对折一次编号递增，即将 A0 纸张沿长度方向对折，形成 A1 规格，将 A1 纸张沿长度方向对折，形成 A2 规格，如此对折至 A8 规格（图 1–37）。

B 系列。B 系列纸张是为了提供更广泛的纸张选择而设计。作为 A 系列的补充规格，该系列纸常用于商业广告、海报、宣传画册等。

C 系列。多用于信封制作，其尺寸设计是为了确保信封能够容纳相应大小的 A 系列纸张，与 A 系列形成配套关系。

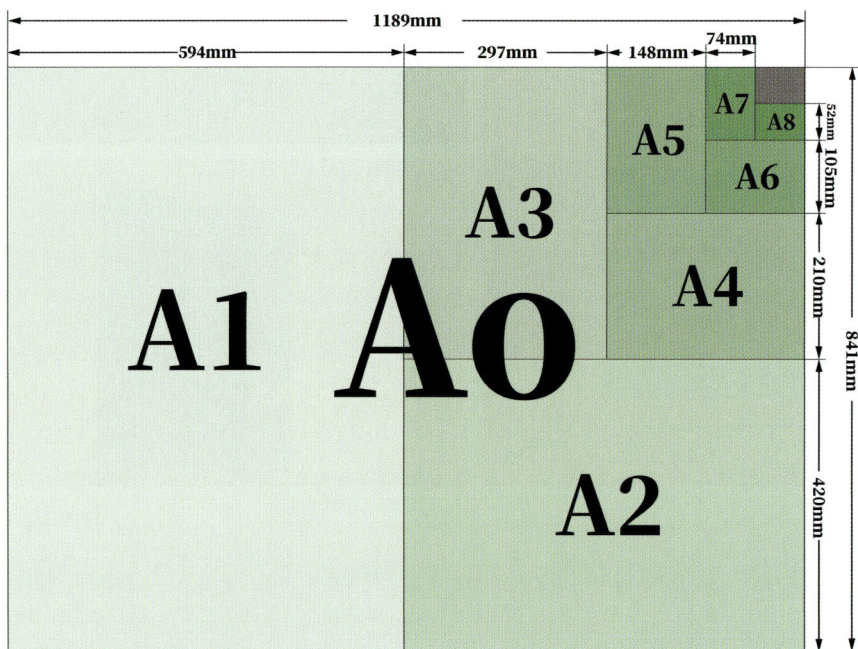

图1-37　A系列纸张幅面尺寸

■ 印刷纸张的开本（国家标准）

开本是印刷术语，如图 1-38 所示，一张标准全开纸经过对折和裁切，形成新的纸张规格。开本是中国特有的纸张尺寸体系，被称为纸张尺寸的 K 系列。纸张的开本尺寸有两种规格：正度、大度，见表 1-2。

正度纸主要用于普通书籍、杂志、报纸、学生教材等。正度纸尺寸较小，适合常规的印刷品。

大度纸主要用于高档书籍、画册、海报、宣传册等。大度纸的尺寸较大，适合需要展示较大面积的印刷品。

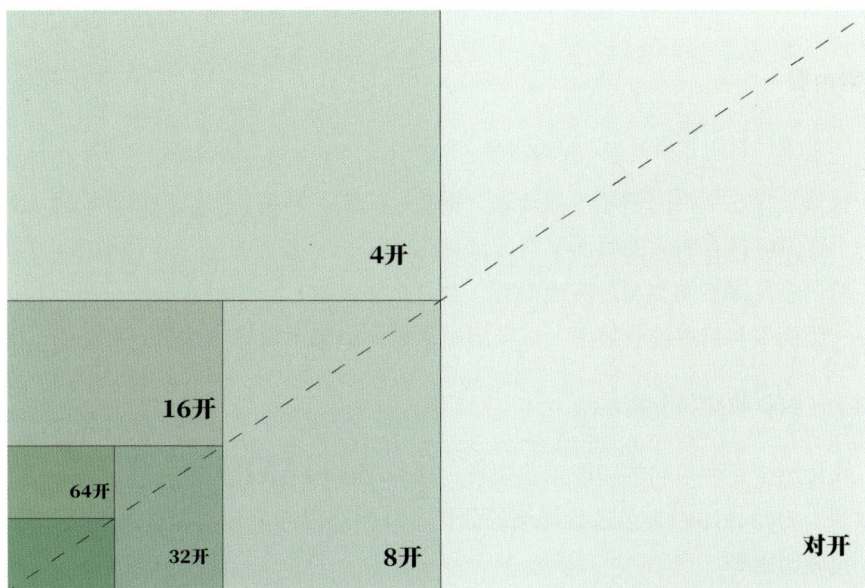

图1-38 常规开本尺寸示意

表1-2 常规开本尺寸

| 类别<br>开数 | 正度/mm | 大度/mm |
|---|---|---|
| 全开 | 787x1092 | 889x1194 |
| 2开 | 520x740 | 570x840 |
| 4开 | 370x520 | 420x570 |
| 8开 | 260x370 | 285x420 |
| 16开 | 185x260 | 210x285 |
| 32开 | 130x185 | 142x220 |
| 64开 | 92x130 | 110x142 |

# 1.5　思考练习

### ■　思考内容

1. 版式设计中留白率或版面率的重要性及其实践应用

要求：通过具体的设计案例（海报、广告、书籍、网页、用户界面等），说明该版面中留白率或版面率的应用方式及其效果。

2. 印刷工艺对版式设计的影响及应对策略

要求：概述常见的印刷方式及其特点，通过具体实例讨论印后工艺在提升版式设计作品质感方面的作用及影响。

### ■　练习内容

1. 版面率案例分析汇报

要求：收集至少 5 个不同领域（如杂志、报纸、广告、网站、手机应用界面等）的版式设计案例。每个案例应具有明确的版面率特征，包括高版面率（信息密集）、中版面率（平衡适中）、低版面率（留白多）等不同类型的版面设计。对每个案例进行详细的版面率分析，包括版面率的视觉效果、版面率与信息接收效率，以及版面率如何服务于内容传达。

2. 印刷工艺物料收集与分析汇报

要求：收集至少 5 种不同的印刷工艺物料，样本应具有代表性，能够展示该印刷工艺的典型特点和效果。对每种印刷工艺进行详细的分析，分析适用的设计类型和场景，如商业广告、书籍出版、包装印刷等。

扫码获取案例

# 版式设计的溯源与发展

第 2 章

**内容关键词**

版式设计　历史溯源　发展　现代主义

**学习目标**

溯源中国古代的版式设计
了解中外版式设计的发展
理解现代设计与版式设计的关系

## 2.1　中国古代版式设计溯源

中国古代的版式设计源远流长，起自远古文明初，延至当代。本部分结合相关资料，从三个方面回顾中国古代版式的缘起与发展：书写载体、装帧方式、版面样式。

### 2.1.1　中国古代书写载体的发展

**■　陶器**

陶器是指用特殊的陶土或者黏土，经捏制成形后烧制而成的器具。陶器历史悠久，是中国新石器时期最突出、最丰富的美术创造。新石器时期的古代先民们在陶器上刻画和绘写的符号是中国文字的雏形，也意味着中国版式的缘起。

新石器时代的先民通过在陶器表面刻画象形符号来实现信息的记录与标识。以仰韶文化、马家窑文化典型陶器（图2-1、图2-2）为例，其图形排版虽稚拙，但已具备明确的信息分区与视觉元素编排意识。

图2-1　人面鱼纹彩陶盆，中国国家博物馆藏

图2-2　漩涡纹尖底瓶，甘肃省博物馆藏

■ 甲骨文

甲骨文因镌刻、书写文字于龟甲与兽骨上而得名，又称"契文""甲骨卜辞""殷墟文字"等，主要用于商朝王室占卜记事。这种在龟甲或兽骨上契刻文字的形式，是中国已知最早的一种文字书写载体。

甲骨文具有对称、稳定的格局，开创了中国文字从右至左竖向排列的先河。甲骨文的字间距约为半个或三分之一个字，行距约为一个字距（图2-3），其排列方式是中国文字排列思维的源体。甲骨文排版受材质形状和大小的制约，因此也具有不确定性因素。

图2-3 殷墟甲骨文，山东博物馆藏

■ 金文

金文指的是铸造在青铜器上的铭文。金文出现在比甲骨文稍晚的商代，在周代成为书体的主流。因铸刻于钟鼎之上，也称为钟鼎文。金文的版式是甲骨文版式的进一步发展，其文字排列从右至左，竖向排列。金文的文字间距有着比较严格的限定，一般为三分之一个字的大小。行距则更为紧凑，有的与字距完全一致，有的仅半个字距。相较于甲骨文，金文的版面编排由于受青铜材料和器型的限制，往往有很强的秩序感（图2-4）。

图2-4 周代史墙盘铭文，宝鸡周原博物院藏

■ 石刻文

石刻文产生于周代，兴盛于秦代。"勒石铭金"一词，说的正是石刻文与金文。石刻文字排列方向和字距、行距与金文的书写习惯相似，亦遵循由右往左、由上往下的排版方式。相较于金文，石刻文更加规范、严正，文字排列秩序井然，具有节奏韵律感（图2-5）。

■ 简牍

简牍兴盛于春秋至魏晋时代，是竹简和木牍的统称，用竹片写的书称"简策""竹简"，如图2-6所示；用木板写的书叫"版牍""木牍"，如图2-7所示。简牍的版式排列沿用了此前甲骨文、金文、石刻文的竖排格式，自右向左，单片竹简之间形成了天然的隔线，能更有效地控制行距。

■ 帛书

帛书是略晚于竹简的一种书籍形式，又名缯书，以丝帛为书写材料，其起源可以追溯到春秋时期。帛书上字体排列大体整齐，间距基本相同，在力求规范整齐之中又有自然恣放之色，见图2-8。然而，由于当时丝织材料昂贵，帛书多为统治者书写公文或作绘画用，作为书籍使用相对较少。

整体来看，中国古代书写载体与文字的演变脉络相辅相成，形成了由上往下、由右往左的文字排列方式，版面活而不散、分而不断，具有节奏感、整体感，且条理性极强。

图2-5 石刻文拓片（秦）

图2-6 户籍竹简（三国）

图2-7 "君教"文书木牍（三国）

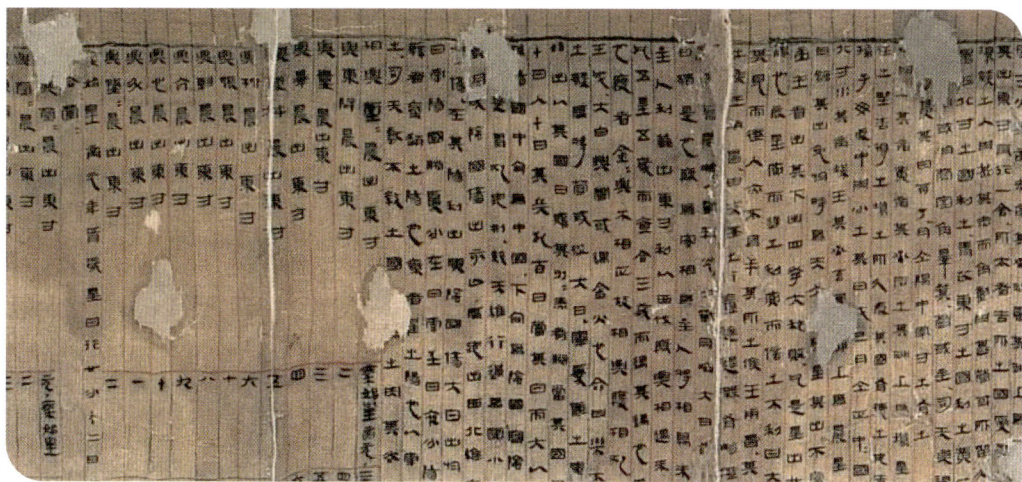

图2-8　西汉帛书《五星占》,湖南博物院藏

## 2.1.2　中国古代装帧方式的发展

■　卷轴装

卷轴装是中国古代书籍装订方法的一种。卷轴装最早用于帛书,至隋唐时期纸书盛行,卷轴装开始应用于纸书,随后历代均有沿用,至现代装裱字画仍见卷轴装遗风,其优点是质地坚韧,不易损坏,如图2-9所示。

图2-9　卷轴装

■ **旋风装**

旋风装出现于唐代中叶，是卷轴装向册页装发展的过渡形式。这种装订形式卷起时从外表看与卷轴装无异，但内部的书叶宛如自然界的旋风，故名旋风装或旋叶装；展开时，书叶又如鳞状有序排列，故又有一别称为龙鳞装，见图2-10。

图2-10　旋风装

旋风装，用长纸作底，首页全幅裱贴在底纸的右端，作为书籍的起始部分。其余书页向左裱贴在底纸上，形成鳞次栉比的布局，翻阅时如旋风转动。

■ **经折装**

经折装又称折子装，在卷轴装的形式上改造而来，流行于唐代晚期。隋唐时期佛教盛行，许多经典佛经的装帧最初多采用卷轴形式，但由于卷轴过长时舒卷十分不便，后将长幅卷轴改为折叠状，形成了经折装，如图 2-11 所示。由卷轴改良而来的经折装，在当时大大方便了人们阅读，也便于取放。直到今天，经折装在古籍书画、碑帖装裱等领域仍有沿用。

■ 蝴蝶装

　　在唐代，雕版印刷技术广泛流行，书本印刷数量急剧增加，传统的书装形式已难以满足迅速发展的印刷业需求。经过不断研究，人们发明了蝴蝶装这一新的装帧形式。蝴蝶装的具体做法是：将印有文字的纸面朝里对折，以中缝为基准，将所有页码对齐，然后依次将所有书页按照中缝与对折好的书页背靠背相对放置，再用黏合剂将它们黏合在一起，最后装上书壳，裁切整齐成册（图2-12）。

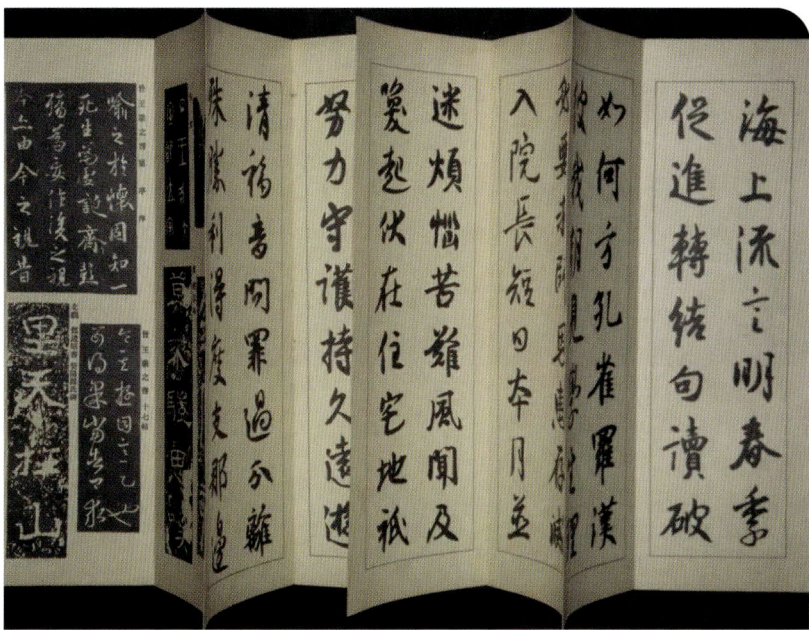

图2-11　经折装

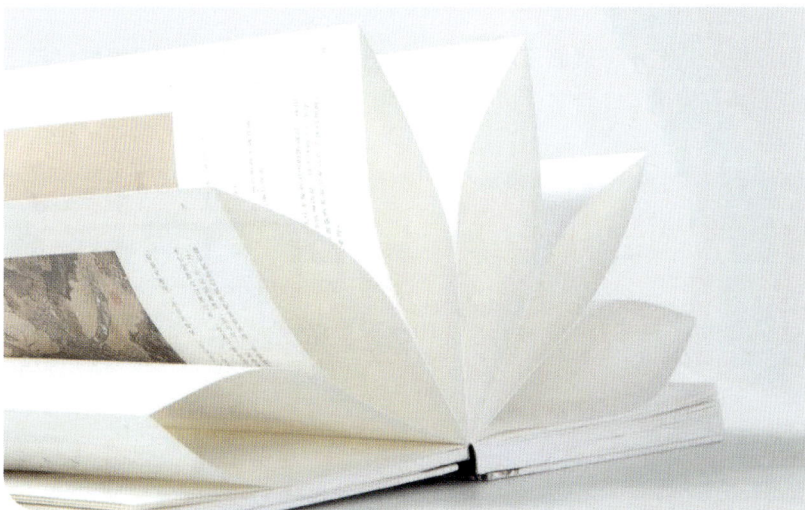

图2-12　蝴蝶装

■ 包背装

包背装出现于宋末，其装订结构是将书页中有文字的一面向外，以折叠的中线作为书口，背对背地折叠起来。翻阅时看到的都是有字的面，阅读时连续不断，增强了功能性。包背装采用纸捻装订技术，在书背近脊处打孔，再将长条形的韧纸捻成纸捻，以捻穿订，最后以一整张纸绕书背粘住，作为封面和封底（图2-13）。包背装的装订及使用较蝴蝶装更方便、牢固且不易脱落，但装订的过程较为复杂，所以不久后便被线装所取代。

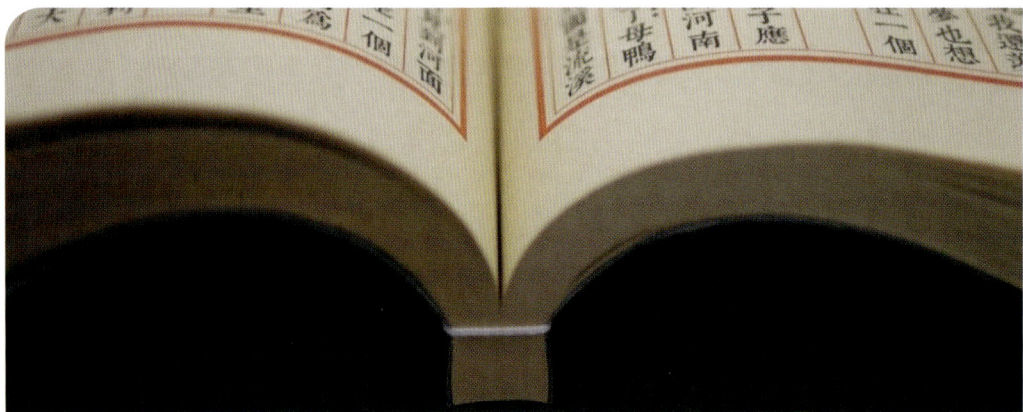

图2-13 包背装

■ 线装

线装出现于明代中叶。装订时将印页依中缝折正，使书口对齐，书前后加封面、打眼穿线即成。线多为丝质或棉质，最常见的订法是四针眼订法，偶尔也有六针眼或八针眼。这种结构不易散落，形式美观，既便于翻阅，又不易散破，即便散破了也便于重装，使其恢复原貌。当下线装仍在流行，并被视为典雅的装帧方式，如图2-14所示。

线装是中国传统书籍艺术演进的最后形式，标志着中国古代书籍装帧发展已趋于成熟，从明代中叶盛行后，一直沿用了几百年，成为中国古代书籍装帧最终固定的形式。

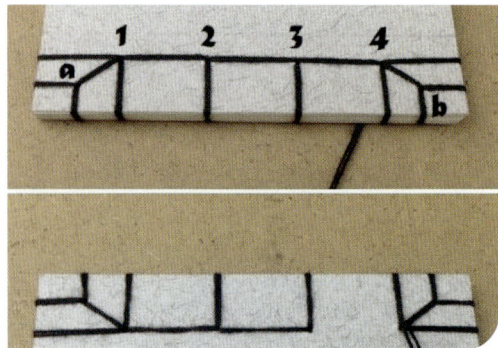

图2-14 四孔线装（左）和六孔线装（右）

中国古代书籍的装订方式、开本、内文的版面等是先民勤劳、智慧的结晶。中国古代几种传统书籍装订形式的演变过程包含了粘贴、对折、裁切、装订等方式，并融合了特有的由右往左、由上往下排版的形式，是客观现实与生产工艺相互较量的艺术，也是糅合了众多因素而渐渐成为和谐整体的艺术。

## 2.1.3 中国古代版面样式的发展

以中国古代文字书写载体与书籍装帧形式的发展为基础，从宋代开始，至明清时，古代书籍或字画中对视觉信息要素的编排逐渐自成一派，形成了特定时代下特有的版式风格与特征。

宋代是中国出版勃兴的时代，雕版印刷业在宋代的繁盛，为书籍的广泛流传和普及创造了条件，出现了许多宋版书，即宋代出版印刷的书，如图2-15所示。宋版书因其刻印精工且流传稀少，呈现出独特的价值，有着"一页宋版，一页黄金"的美誉。

图2-15 《上海图书馆藏宋本图录（修订本）》

　　宋代书籍版式中出现了天头、地、边框、界栏、象鼻、鱼尾、版心、书耳、书口等版面内容（图2-16）。宋代书籍不仅形成了相对固定的排版样式，其版面的尺度与比例也有较高的美学价值，展示出了宋版之美。

　　明清之际，古籍的版式设计发展至顶峰，在字体、版式、插画、纸张、材料工艺、印刷技术、装订形式等各个方面都达到了极高水准，体现了当时对书籍艺术的极致追求，彰显出卓越的艺术创造力与深厚的文化底蕴。

　　除书籍外，明清时期还发展出了具有强烈商业性质的版面作品，如木版年画。以苏州的木版年画为例，《一团和气》为苏州桃花坞年画中最著名的代表作，其独特的圆形构图在年画中独树一帜（图2-17）。木版年画采用的木版印刷方式极大地提高了当时印刷的质量和效率，促进了对版式编排样式的探索。

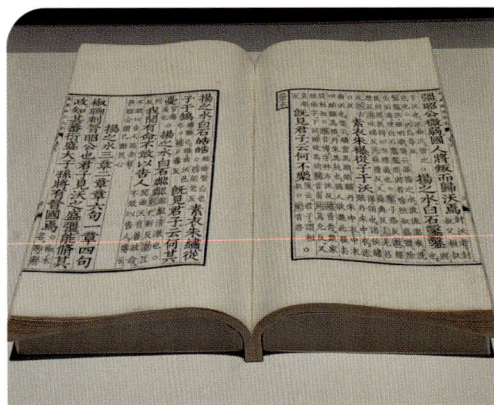

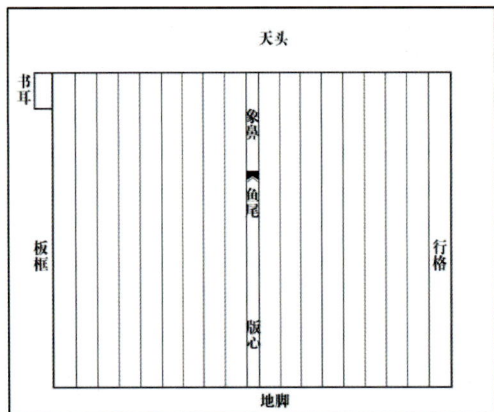

图2-16　宋代书籍版式

图2-17　《一团和气》,南京博物馆藏，清末

在清代时，还出现了与商业相关的招幌、仿单等广告内容的版式设计。清代仿单广告设计精美，文化内涵丰富。其设计布局多样又统一，既有书法与版印相融合的书写形式，又有丰富传神的装饰纹样和绘画。直至现代，仍可以见到这种版面编排形式，如图 2-18 为顾志军的版画作品《十二生肖》。

以上中国古代版面样式的发展脉络，体现着古代中国版面制作文化水平和工艺水平的高度，散发出不同的风格魅力，保持着浓郁的中华民族特色，同时也为后人对于书写材料乃至对新型版式的探索，提供了历史传承的依据。

图2-18 《十二生肖》，顾志军版画作品，2007~2019年

## 2.2　西方早期版面的发展

如果将西方历史发展梳理为三个阶段：古典时期、中世纪时期、近现代，那么这三个阶段隐含的发展脉络是西方文明的诞生、衰落、复兴。因此，本部分以这三个阶段为脉络，梳理不同时期西方版式的特征。

### 2.2.1　古典时期

古典时期又称为古典时代，一般指古希腊、古罗马，是对以地中海为中心，包括古希腊和古罗马的一系列文明长期文化史的广义称谓。

#### ■　古巴比伦

西方历史上最早可追溯的版面形式出现在古巴比伦，由美索不达米亚地区的苏美尔人创造。已发现的楔形文字多写于泥板上，书写者用削尖的苇秆或木棒在软泥板上刻写，软泥板经过晒或烤后变得坚硬，不易变形。图 2-19 中，书写者以线条分割文字，使画面具有节奏层次的变化，这也许是世界上最早对版面的分割。

#### ■　古希腊

古希腊是西方文明发源地，诞生了神秘的线形文字。古希腊字母的书写方向主要是从左至右，这种书写方式在公元前 5 世纪被广泛采用。古希腊文字在版面排版上常采用对称式，这种排版方式显得庄严规整，体现了古希腊人对秩序和美感的追求。

#### ■　古罗马

古罗马人在古希腊字母的基础上进行改良，变成了接近现代拉丁文字母的形态（图 2-20），随着古罗马字体的成熟，古罗马人的书写方式变成了从左至右的横式排列。在此期间，羊皮纸大量使用，由于价格十分昂贵，版面编排的利用率极高，字行密度大、字体小，多为对称式，甚为庄严。

图2-19　楔形文字，古巴比伦时期

图2-20　古罗马文字

■ 古埃及

距今 5000 多年前，古埃及出现了象形文字，书写在一种被称作"纸草"的纸张上。纸草上常用精美的插图与文字相配合进行排版。这一时期的版式设计已将文字与图片划分开来，使得版面工整，图文呼应，形式丰富，精美绝伦。甚至有人称其为现代平面设计发展的最早依据，如图 2-21 所示。

图2-21　古埃及书写纸草

## 2.2.2　中世纪时期

中世纪艺术被认为是多种文化交织融合而成的基督教艺术，这一时期的艺术创作宗教色彩浓重，强调精神世界的表现，多采用夸张、变形来增强表现效果。在平面艺术领域，以镶嵌画、抄本绘本为代表的作品，在此时期取得了不同形式的繁荣（图 2-22）。

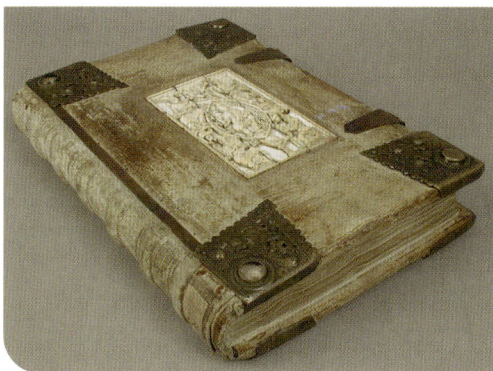

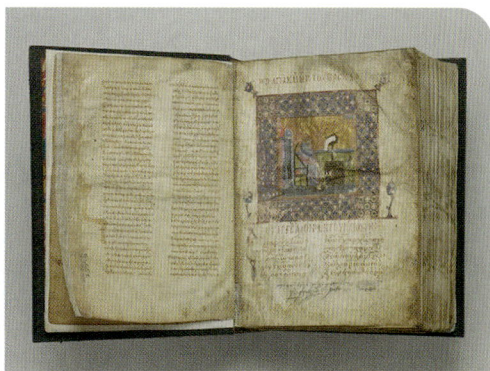

图2-22　约1000~1100 年在德国制造的奥托尼亚手稿，用皮革装订，带有象牙小画

### 2.2.3 工业革命时期

通常认为工业革命发源于英格兰中部地区，于 18 世纪 60 年代开始，是指资本主义工业化的早期历程，即资本主义生产完成了从工场手工业向机器大工业过渡的阶段。工业革命的发展，极大地推动了印刷业的繁荣，也推动了教育、传媒等行业的发展，为此时期出版业和版式设计提供了物质、技术以及社会需求的发展基础。

19 世纪下半叶，英国爆发了工艺美术运动。工艺美术运动被认为是现代艺术设计的先驱，其代表人物威廉·莫里斯，被誉为现代艺术设计之父。当时的一批英美建筑师和艺术家认为工业化、都市化对应用艺术以及整个社会带来了严重的负面影响，因此主张在设计上回溯到中世纪的传统，恢复工艺行会传统，主张诚实、真挚、形式与功能统一的设计，反对在设计中哗众取宠、华而不实的趋向。当时的艺术家们在装饰上推崇自然主义，追求东方艺术和装饰的特点，衍生出大量采用卷草、花卉、鸟类等装饰元素的书籍封面设计（图 2-23）。

图2-23　1896年出版的《乔叟作品集》

## 2.2.4 新艺术运动时期

新艺术运动是 1895 年左右在法国兴起，之后蔓延至欧洲的一场影响面大、内容广泛的设计运动。新艺术运动是传统设计与现代设计之间承上启下的一个重要阶段，今天的历史学家和学者指出，新艺术运动是我们现在所知的现代主义的先驱。新艺术运动并不单纯是一种风格或一种时尚，它是进入 20 世纪以来的第一场设计运动。新艺术运动继承了工艺美术运动对大自然的崇尚，强调从自然界汲取设计的灵感和动机。

在平面设计领域，穆夏是新艺术运动最杰出的代表人物之一。他的设计以书籍插画、戏剧表演的海报及招贴广告为主，其作品注重整体形状，线条具有流动性，呈现出强烈的自然主义特点。他的作品常常由青春美貌的女性和富有装饰性的曲线流畅的花草植物组成，如图 2-24 所示。直到现在，许多现代电影海报还会从穆夏的作品中汲取设计元素及灵感。

图2-24 《主祷文：我们的父是天空的画师》，巴黎，1899

## 2.3　现代主义的诞生

### 2.3.1　苏联构成主义

　　构成主义起始于 20 世纪初，是由一批俄国设计师、艺术家、知识分子于俄国十月革命前后发起的一场大规模前卫艺术和设计运动。构成主义运动最早发生于雕塑领域（图 2-25），但构成主义者在平面设计的表现形式语言方面做了大胆的尝试，运用非具象的简单几何造型，如圆、矩形和直线元素，以数理的、块面的分割方式，来探讨理性主义、非个人化、机械感的风格，如图 2-26 所示。

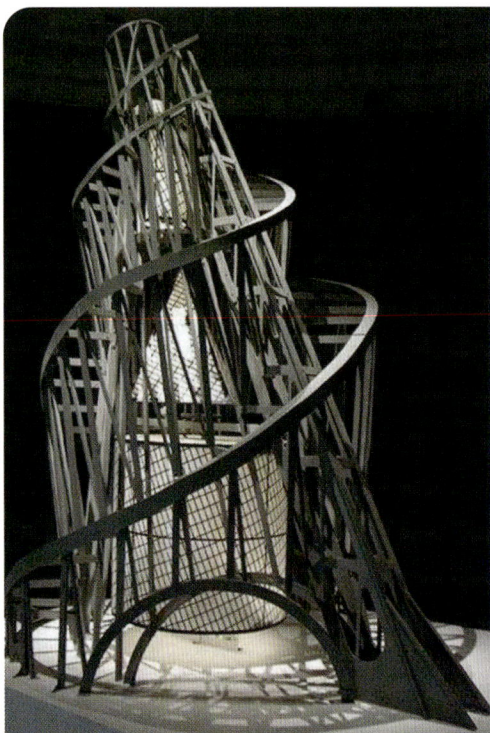

图2-25　《第三国际》纪念塔模型

　　塔特林的第三国际纪念塔是第一座构成主义作品，"把纯艺术形式（绘画、雕塑、建筑）和实用融为一体"。此件模型系由木材、铁、玻璃制成，体现了"各种物质材料的文化"的构成主义理论。

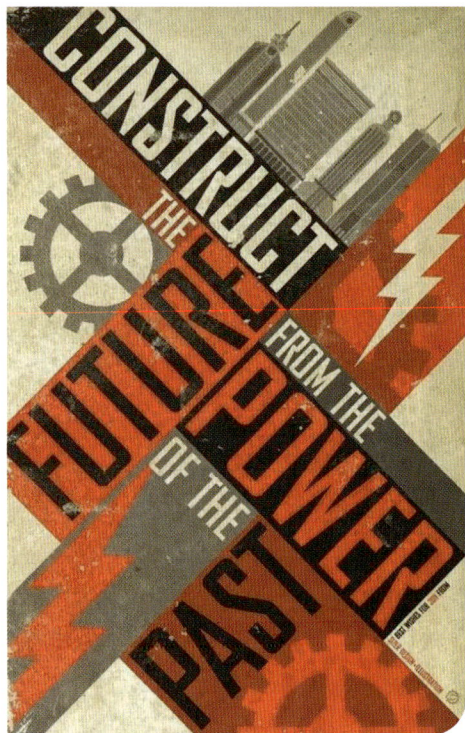

图2-26　苏联构成主义海报设计

　　该作品采用几何化的设计风格，这是构成主义的核心特征之一。海报上的"CONSTRUCT""POWER"等文字以及高楼的轮廓，都被处理成简洁的几何形，强调形式的纯粹性和抽象性。

## 2.3.2　荷兰风格派

荷兰风格派又称新造型主义画派，由蒙德里安等人于1917~1928年在荷兰创立。其绘画宗旨是拒绝使用任何的具象元素，只用单纯的色彩和几何形象来表现纯粹的精神。荷兰风格派深入地研究与运用非对称形式，追求形式的变化性，非常反复地应用横纵几何结构和中性色，如图2-27所示。

## 2.3.3　达达主义

达达主义是出现于1916~1923年间的一场无政府主义的艺术运动，是第一次世界大战颠覆、摧毁欧洲旧有社会和文化秩序的结果，涉及视觉艺术、文学、戏剧和美术设计等诸多领域，由一群年轻的艺术家和反战人士领导，通过反美学的作品和抗议活动来表达他们对资产阶级价值观和第一次世界大战的绝望。达达主义体现在编排设计上的特点，是用照片和各种印刷品进行拼接、组合、再设计，体现随机性和偶然性（图2-28）。这种勇于尝试和大胆突破的精神对后来的设计师产生了巨大的影响。

图2-27　《红、黄、蓝的构成》

《红、黄、蓝的构成》是蒙德里安的杰作之一，创作于1930年。这幅画以其独特的抽象风格和几何形状，成为现代艺术的经典之作。这种以几何图形为基本元素的创作，对现代建筑、工艺和设计产生了深远影响。

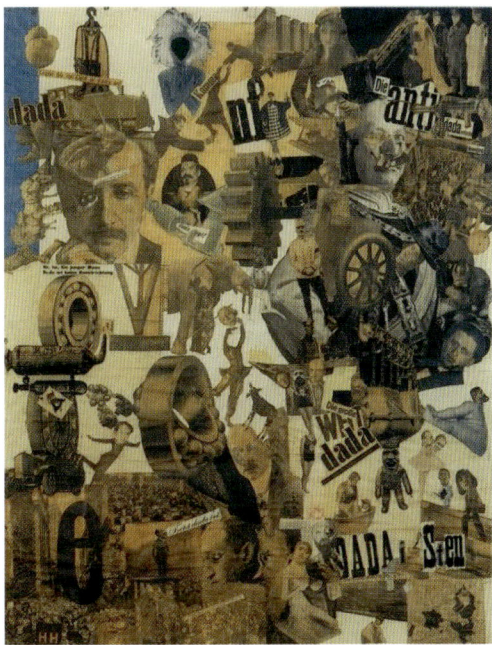

图2-28　达达主义版式设计

在这幅作品中，元素被随意地拼凑在一起，没有明确的主题或故事情节，也没有遵循传统的艺术规范，通过杂乱无章、碎片化的表现方式，表达对既有艺术秩序和规则的打破与颠覆。

### 2.3.4　包豪斯风格

　　包豪斯是 1919 年在德国成立的一所设计学院，也是世界上第一所完全为发展设计教育而建立的学院。包豪斯集中了 20 世纪初欧洲各国对于设计的探索并加以发展，建立了以观念为中心，以解决问题为中心的设计体系，成为欧洲现代设计发展的中心。包豪斯风格主张高度理性，设计形式几何化，强调功能至上和极简主义。

　　包豪斯还奠定了设计教育中平面构成、立体构成与色彩构成的基础教育体系，这种教育模式和教育体系自包豪斯开始被西方现代设计教育采纳沿袭至今。图 2-29 为包豪斯教育下的海报设计作品。

图2-29　包豪斯风格海报

　　包豪斯强调形式与功能的统一，追求简洁、实用和理性的设计风格。在这两幅海报中，艺术家通过抽象的几何形状和线条来传达信息，摒弃了繁复的装饰和不必要的细节，使得海报看起来既简洁又富有力量感。

## 2.4 专题拓展：民国时期月份牌招贴设计研究

### 2.4.1 月份牌的产生

月份牌原是一种俗称，最初是以推销商品为目的所设计的招贴宣传画。月份牌诞生于清朝末期，兴起于民国时期。1843 年，上海被迫开辟国际通商口岸，大量欧美资本输入，在上海开厂设店，为倾销商品进行广告宣传。因此，从此层面上说，月份牌是西方资本经济输入中国的产物。

月份牌的视觉表现形式借鉴和运用了当时在中国受众最广的民间年画、印上全年月历节气的"历画"样式，与商品广告相结合。最初，许多英美烟草公司聘请了英国、美国、日本、德国等外国的画家为香烟产品绘制广告画，但由于国外画家绘制的广告宣传画没有得到中国人的青睐，广告效果不佳。这些外资老板便聘请中国画师，设计有广告目的的月份牌宣传画，其画面既宣传商品，也融合了中国传统题材的形象，或中国传统山水、或仕女人物、或戏曲故事场面等，后逐渐发展为以画面表现时装美女形象，如图 2-30、图 2-31 所示。

图2-30　中国三兴烟草公司月份牌广告画

图2-31　上海正华机器制匣厂月份牌广告画

## 2.4.2　月份牌招贴设计的艺术价值

　　在月份牌发展的过程中，众多月份牌画家从容地探索和追求中西艺术融合之路。他们积极地了解西方的绘画技法和形式，将自己的理解运用于月份牌创作中。早期月份牌画家采用中国传统水墨画法和西洋焦点透视结合的方法来绘制，如图2-32所示；随着艺术表现的不断发展，月份牌逐渐呈现出了更具西式立体感及真实感的图像，如图2-33所示；成熟时期，月份牌画家受足了西洋绘画的熏陶，会利用近大远小达到视点移动和夸张变形，来使画面的空间感增强，人像表现更为写实，色彩对比也更加鲜明，赋予了画面丰富的情感。

　　总体来看，月份牌的发展过程是一种调和传统和西方化的过程。在这个过程中，月份牌完成了由年画形式向西方现代招贴广告设计形式的转型，并独成一系，成为西化背景下极富东方审美韵味的艺术形式，既秉承了中国传统文化气脉，又带有西方现代艺术的设计思维。

　　由于月份牌的消费对象和欣赏主体是中国广大的人民群众，因此月份牌的创作题材是依据广大消费群体的欣赏水平和接受程度来决定的。上海以商业经济为主，商业的繁盛使得人们的生活质量逐步提高。随着西风东渐循序渐进地改变了人们的视觉内容与审美倾向，月份牌由最初的以民间故事、历史题材为主，逐渐转变为以摩登女性的形象为主，现代思想取代了最初的封建思想，时尚和摩登成为当时的主题。可以说，月份牌的发展迎合了当时人们的欣赏标准，侧面上也反映出了月份牌的与时俱进。

图2-32　民国时期月份牌广告1

图2-33 民国时期月份牌广告2

### 2.4.3 月份牌对现代版式设计的启示

　　月份牌对中国当代招贴设计具有重要启发意义，其经典元素的运用、结构编排及表达形式等特征，均使设计作品呈现出鲜明的中国风格的设计语言特质。在现代设计多元化的社会环境下，不少设计师采用中国传统文化元素来进行设计构想，例如靳棣强、陈幼坚等著名平面设计师的作品中，都曾运用到月份牌的视觉元素，将中国传统文化运用到现代设计中。

　　纵观月份牌中的经典设计要素，如对年历的引用、边框装饰图案、选取的题材、画面的构成、色彩要素以及绘画技法等，仔细琢磨会发现这些皆以中国传统绘画为源，处处透露出丰厚的中国民族艺术及民间艺术元素的影子，继承并发扬了中国传统文化。中国传统民族文化丰富多彩，所包含的内容特别宽泛，这些具有丰富内涵和感染力的民族传统元素为当代设计师的创作提供了取之不尽的灵感来源，是当代招贴设计用之不竭的资源。它们的图式语言、表现形式及技法均值得设计师去借鉴和创新。

　　月份牌发展的过程是一个不断创新和拓展的过程，为现代设计的发展打下了良好的基础，对当今设计师在创作中把握多元文化共融的理念具有较强的借鉴意义。

## 2.5　思考练习

### ■　思考内容

1. 中国古代版面样式对现代版式设计的影响

要求：讨论传统装帧方式与版面样式如何直接或间接地影响中国现代版式设计的理念与实践，可结合具体案例进行说明，提出个人见解或进一步研究的建议。

2. 西方版式设计发展过程中，技术变革如何推动设计风格的演变

要求：概述西方版式设计的主要发展阶段及其特点。讨论技术变革如何促使版式设计在理念、方法、手段等方面进行创新与变革。对每个阶段进行具体描述，包括设计风格、代表作品等。

### ■　练习内容

传统或古典元素在海报设计中的应用

目标：了解版式设计历史，了解不同时期的设计风格、特点及其对现代设计的影响。挖掘传统与古典元素，从历史中汲取灵感，展现文化的传承与创新。

要求：选择一个或几个版式设计历史上的重要时期（如文艺复兴、巴洛克、洛可可、现代主义等），深入研究其设计风格、特点、代表作品及影响。从研究的时期中，挑选出具有代表性的传统或古典元素，如图案、色彩、字体、构图等。考虑这些元素如何与现代设计手法相结合，创造出既具有历史韵味又不失现代感的设计作品。

主题选择：文化推广、历史纪念、艺术展览等，确保主题与所选元素相契合。

技术规格：海报尺寸建议为 A3（297mm×420mm）或 A2（420mm×594mm），以适应常见的打印和展示需求。分辨率应不低于 300dpi，色彩模式应为 RGB 或 CMYK，以适应不同的打印和展示环境。

提交内容：提交一份完整的海报设计文件，格式为 JPEG、PNG 或 PDF，确保文件清晰、易于查看。提交一份设计说明文档。如果可以，提交一份设计草图或初步设计稿，以展示设计过程。

扫码获取案例

# 版式设计中的网格系统

## 第3章

### 内容关键词

版式设计　网格系统　不同内容的网格编排　网格创建

### 学习目标

了解网格系统基础内容
认识网格系统的使用原则
掌握网格创建方式与编排方式

# 3.1 网格系统概述

若将版面构想为一座精巧的储物柜，那么网格便是其内井然有序的抽屉阵列。每个抽屉作为独立的单元，承载着各式各样的设计元素。这些元素依据抽屉（即网格）的精心规划而巧妙排列，不仅确保了内容的逻辑清晰与功能完善，更在视觉上呈现出和谐统一的美感。这正是网格系统所扮演的核心角色——一个融合理性与感性，将复杂信息条理化、艺术化的工具。

## 3.1.1 网格系统的概念

网格系统是一种基于数学比例和视觉秩序的设计方法论，通过将页面划分为等宽或不等宽的列、行或模块，将版面科学划分为规格统一的网格框架，以此规范文字、图片等元素的编排定位，帮助设计师对齐元素、建立层级并提升整体协调性．从而提升版面逻辑性、节奏感与视觉平衡度。

在规划网格布局之际，需针对具体项目特性精心挑选适宜的网格类型。首要步骤是审视并确定版面的尺寸规格，确保网格系统能够与之完美契合。随后，细致评估项目中图片与文字元素的数量需求，并兼顾字号、行间距与段落间距等排版细节，以确保网格系统既具备高效的信息组织能力，又展现出良好的视觉美感。

## 3.1.2 网格系统的使用原则

### ■ 组织信息原则

网格系统最核心的功能在于为版面信息提供结构化处理，通过模块化布局实现视觉元素的有序组织。从传统印刷品中的基础文字编排、图文混排，到当代设计中的多媒介复合编排，网格系统始终发挥着统一视觉秩序的作用。它不仅将文字、图像、留白等元素纳入标准化管理框架，更通过比例关系的精确控制，赋予版面清晰的逻辑美感和信息组织的关联性（图 3-1）。

图3-1 文学节活动宣传册设计，Diana Amarelo，葡萄牙，2020

■ **清晰明了原则**

通过规则的网格划分和对齐方式，确保版面元素有序、协调地排列，从而形成清晰的视觉层次和结构，提升信息传达的准确性和高效性。

图 3-2 展示了某购物中心的品牌视觉系统升级案例，其设计策略聚焦于品牌基因提取与模块化视觉表达，通过网格系统实现了功能性与美学性的双重提升。

图3-2 某购物中心品牌设计更新，McCann Tbilisi，格鲁吉亚，2021

■ **视觉引导原则**

人的生理特征决定了视野不能同时感受所有的物体，它会按照一定的视觉流动顺序进行运动，因此网格系统可以通过对关键元素的选择，调整观众接收信息的顺序，通过位置、大小、色彩的变化突出重点内容，诱导观众视线随着版式设计中的各要素有序地观看，为版面带来清晰的视觉流线。

图 3-3 是某化妆品品牌包装设计。该包装设计利用了网格系统对包装内容进行编排，考虑消费者的阅读习惯和视觉流动规律，通过合理的布局和元素排列，引导读者按照设计师的意图顺序阅读，避免信息跳跃或混乱。

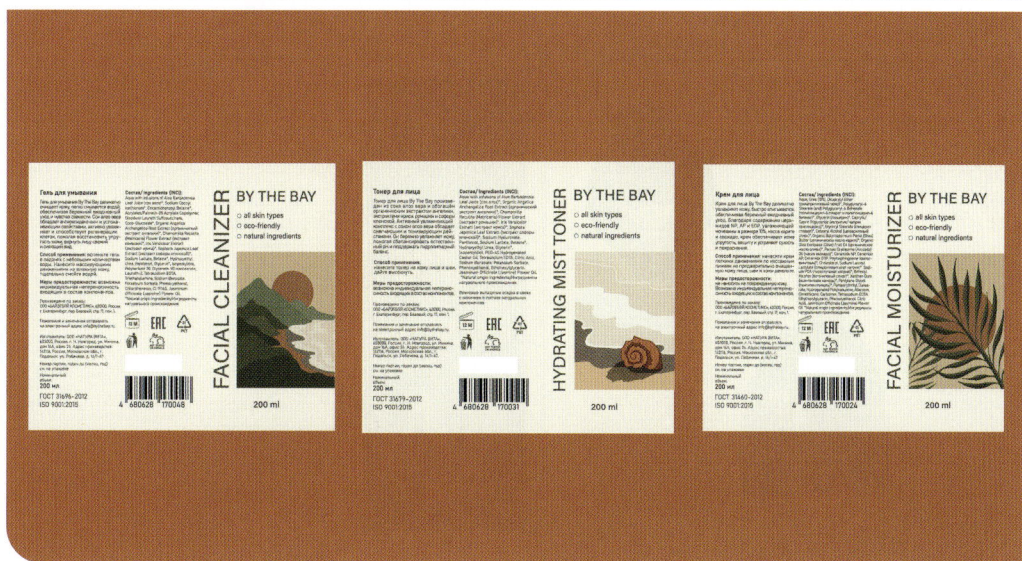

图3-3 某化妆品包装设计，McCann Tbilisi，格鲁吉亚，2021

### ■ 逻辑与美感原则

在网格系统中，逻辑与美感是两个相辅相成的核心原则，共同提升作品的整体质量和视觉吸引力。逻辑原则是网格系统的基础，它确保了信息的清晰传达和阅读的流畅性。美感原则是在逻辑原则的基础上，进一步追求视觉上的愉悦和审美体验。它要求设计师在理性对待版面信息的逻辑性表现时，也要注重版面的视觉美感。

图 3-4 为环保杂志《*Revista Chorume*》内页设计。设计师使用了网格的布局方式，在逻辑原则下通过网格确保了信息的有效传达和阅读的流畅性，而在美感原则下通过色彩设计元素提升了版面的视觉吸引力和审美价值。

图3-4 《*Revista Chorume*》杂志内页设计，GéBottaro等，巴西，2022

### 3.1.3 网格系统与国际主义设计风格

国际主义风格也叫瑞士风格（Swiss Style），因为它主要由瑞士的设计师群体发扬光大并且传向全世界。国际主义风格起源于 20 世纪中叶，是一种强调功能性和通用性的设计理念，它追求简洁、清晰和易于理解的设计，以适应大规模生产和国际市场的需求。

约瑟夫·米勒 – 布罗克曼（Josef Müller–Brockmann），作为瑞士国际主义平面风格的先驱者，他的设计作品和思想从 20 世纪 50 年代一直到今天依然在世界范围广泛传播。他在 1961 年就提出了"网格"这个概念，并在设计中大量展示了网格系统在平面设计中的应用，以及如何通过这种系统来实现设计的简洁和通用性（图 3–5）。

图3-5 国际主义风格海报，约瑟夫·米勒–布罗克曼，瑞典

## 3.2 网格系统的创建

### 3.2.1 网格系统的功能模块

网格系统的功能模块有页边距、栏间距、间距空白、空白、图片、文本等（图3-6）。

■ **页边距**

页边距即版心内容边缘与页面物理边界之间的留白区域。页边距对于整体页面的视觉效果至关重要。通过精心调整页边距的宽窄，设计师能够创造出截然不同的版面氛围，无论是宽敞开阔还是紧凑密集，都需细致考量，以确保版面功能性与美观性的和谐统一。

■ **栏间距**

栏间距指并列栏目之间的空白距离，它不仅是视觉上的分隔线，更是影响阅读流畅性和版面平衡感的关键因素。栏网格系统布局中的基本单位，依据一定规则将页面划分为多个并列的区域，旨在优化信息的层次与秩序。

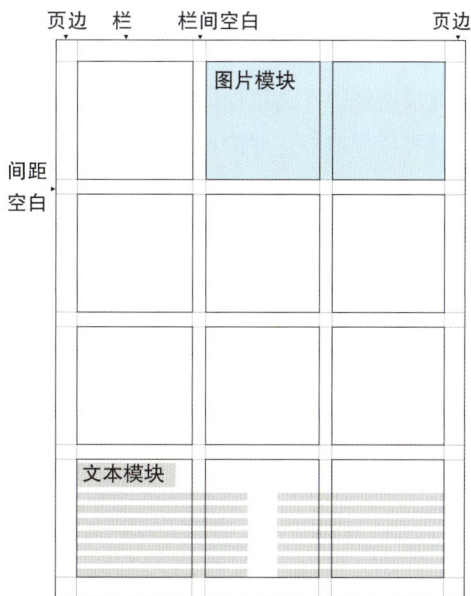

图3-6 网格的功能模块图解

■ **间距空白**

间距空白指两相邻横栏之间的空白区域，其功能类似于段落间的间隔，旨在给予读者视觉上的喘息空间，促进信息的有效吸收。

■ **空白模块**

空白模块通过格式塔设计原理实现信息归类，其作用不局限于画面留白，而是通过版面的负空间来划分正空间，建立视觉层级。这种设计手法不仅增强了版面的透气感，还促进了整体布局的和谐与美感。

■ **图片模块**

图片模块以带有色彩的矩形形式出现，代表图片放置的位置。这种模拟方式不仅提高了设计效率，还使得版面设计更加精准和可控。

■ **文本模块**

文本模块是以灰色矩形色块模拟文字排列的形式，快速勾勒出文本区域的大致轮廓，旨在为版面结构的初步规划提供便捷的工具。

### 3.2.2　网格类型一：分块网格

分块网格样式图解如图 3-7 所示。对于分块网格来说，分栏是分块的前提条件，分块的数量往往需要根据页面的栏数来确定具体的分块情况。因此，这种依靠分块创建的网格也叫做单元格网格。分块网格与分栏网格相比，页面设计的自由度更高，整体的视觉效果也更加灵动。

### 3.2.3　网格类型二：分栏网格

分栏网格样式图解如图 3-8 所示。分栏指的是在一个版面中，垂直地将版面分割为几个版块，这种依靠分栏创建的网格也叫栏状网格。但是在实际的版式设计当中，我们指的栏有时不一定是规规矩矩的方框，它可以抽象地概括为其他不同的形状。分栏一般可以分为一栏、二栏、三栏及多栏，分栏数量的多少需要根据版面设计的风格决定。图 3-9 所示的品牌宣传手册中使用了分栏网格的创建手法，使整个页面的编排整齐有序。

另外，栏与栏之间的距离称为栏间距，它主要的作用是划分版面之间各个信息要素的关系。分栏网格可以根据版面内容进行分栏设计，创建多种视觉阅读顺序，从而降低版面阅读所带给人的枯燥感，使读者可以有选择性地、轻松地区分各个信息板块的内容。

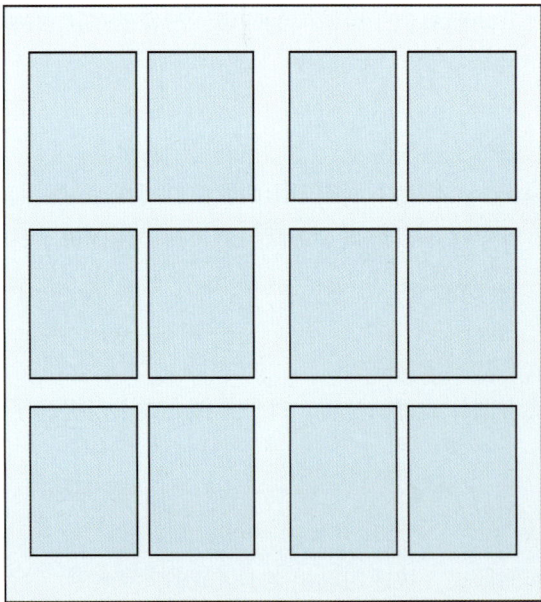

图3-7　分块网格样式图解　　　　　　　　图3-8　分栏网格样式图解

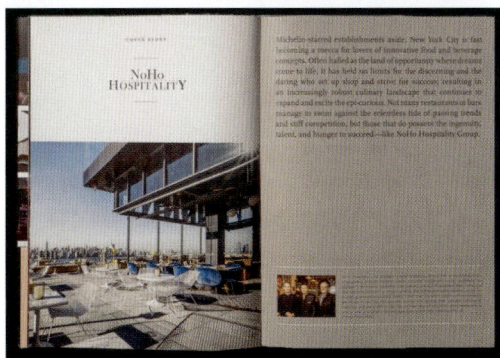

图3-9　BRANDLife品牌宣传手册，Judy Chen等，中国香港，2020　　第3章　版式设计中的网格系统　063

## 3.3 不同内容的网格编排

　　网格是保持画面清晰、内容简单易懂、版式平衡的重要工具。网格的编排形式取决于设计主题的需求。文字和图片作为版面中的主要构成元素，其在版面中的占比往往不尽相同。文字和图片的占比关系往往取决于版式设计应用的载体是什么，比如报纸的版面经常会以文字占比居多、图片较少，而时尚杂志却经常以图片占比居多、文字较少。所以根据设计主题、应用载体等实际情况的不同，网格的编排形式也有所区别。网格的编排形式一般分为三种，分别是多语言网格编排、数量信息网格编排及说明式网格编排。

### 3.3.1 多语言网格编排

　　多语言网格编排指的是当版式设计元素不局限于一种元素时的编排手法。当版式元素同时具有文字、图片等多种元素时，可以灵活地运用各元素之间的关系，去协调其各元素之间的大小或占比关系等，使版面的内容层次分明，内容感官更加具有条理性（图3-10）。

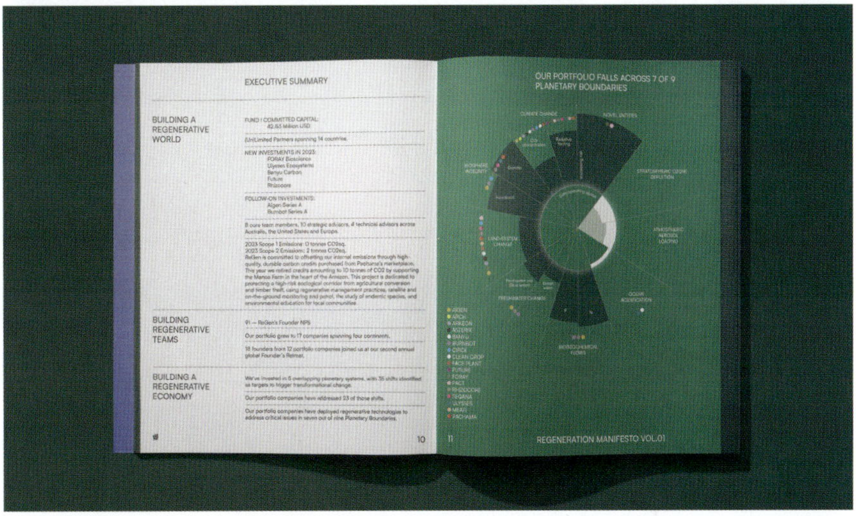

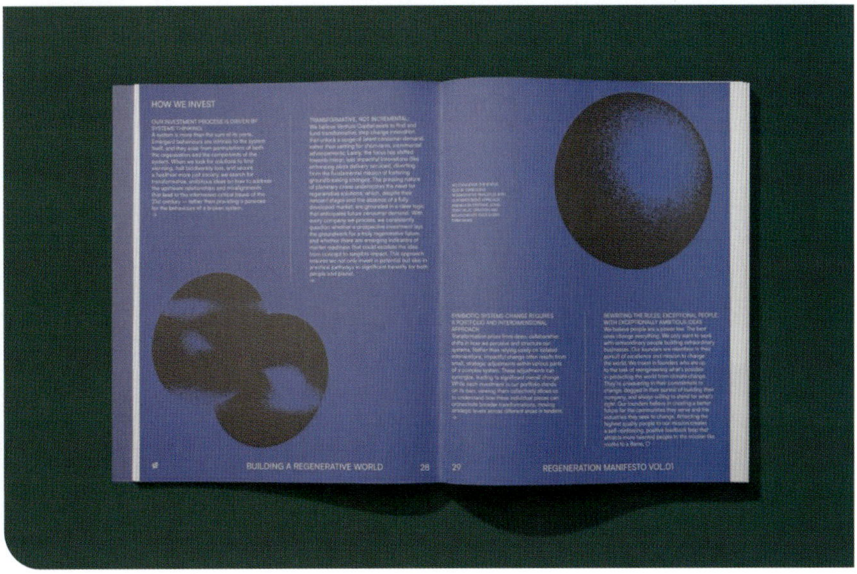

图3-10　书籍装帧设计，Muse Muse，澳大利亚，2024

### 3.3.2　数量信息网格编排

　　数量信息网格编排，就是以数据整理为主的网格编排形式。如图 3-11 所示。在数据信息较多的版面中，使用栏状网格的编排可以使数据清晰地展现在版面之中，一目了然。与说明式网格编排不同的是，数量信息网格编排更加注重数据的可视化展示，通常以数字图表的形式进行展现，注重数据产出。而说明式网格编排较为丰富，除了可以对数据进行可视化设计外，还可以增加许多对应的图形进行进一步的说明展示，使整体画面更丰富多样，注重内容的视觉表现。

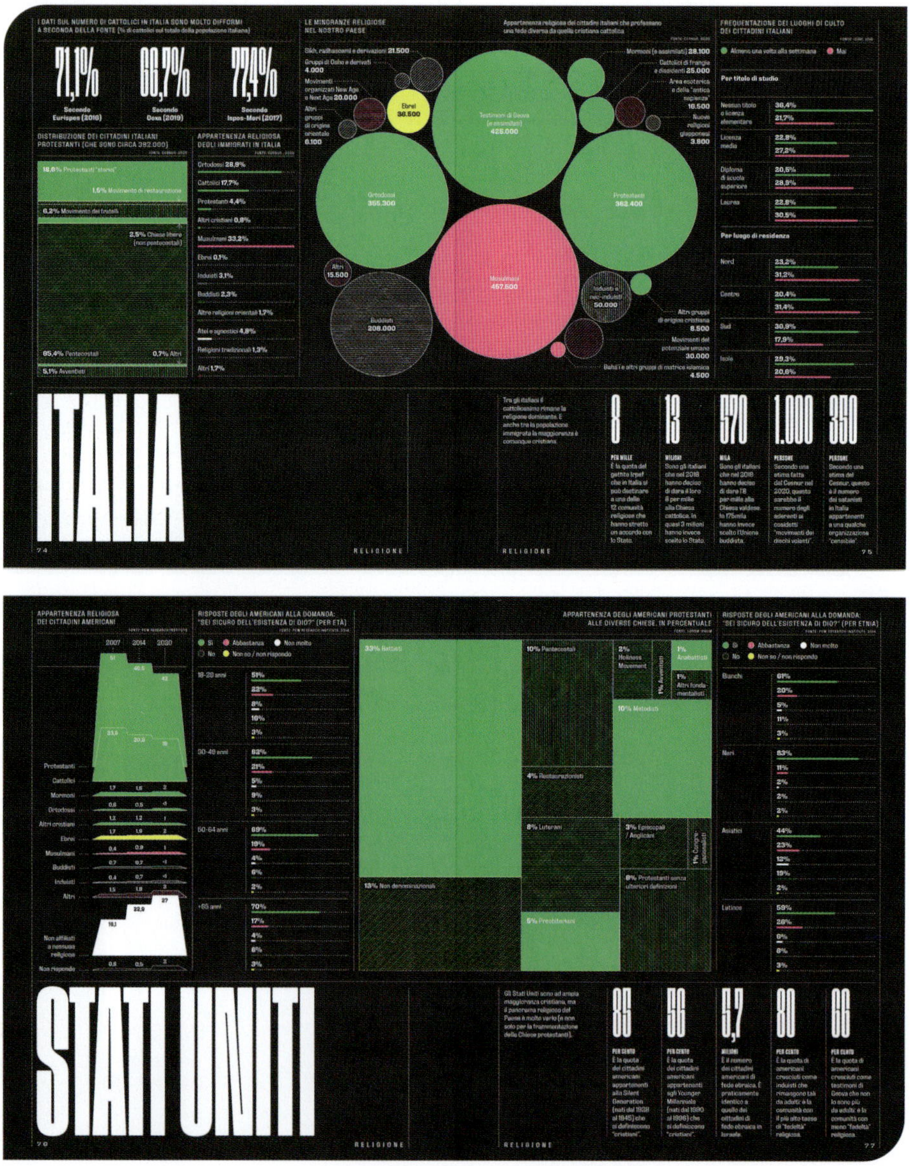

图3-11　数量信息网格编排的应用，Manuel Bortoletti，意大利，2021

### 3.3.3 说明式网格编排

说明式网格编排指的是以信息说明为主的网格编排形式。主要应用于以信息展现为主的信息可视化设计之中。在信息可视化设计中，当版面出现较多的设计元素时，很容易使版面呈现混乱的视觉效果，因此可以通过对信息的调整，运用图片搭配文字的形式进行版面说明，使信息层次清晰。说明式的网格编排手法，其整体的视觉效果多以内容输出为主，意在用图表的形式将某种问题或者研究内容文本可视化，整体不仅具有严谨的秩序美，还增加了一定的趣味性。

图 3-12 是《纽约日报》发布的数据可视化图表设计，其整体给人一种严谨却又不失美感的视觉感受，一方面很好地输出了数据研究信息文本，另一方面也通过说明式的网格编排手法避免了文字的单一性和枯燥性（图 3-13）。

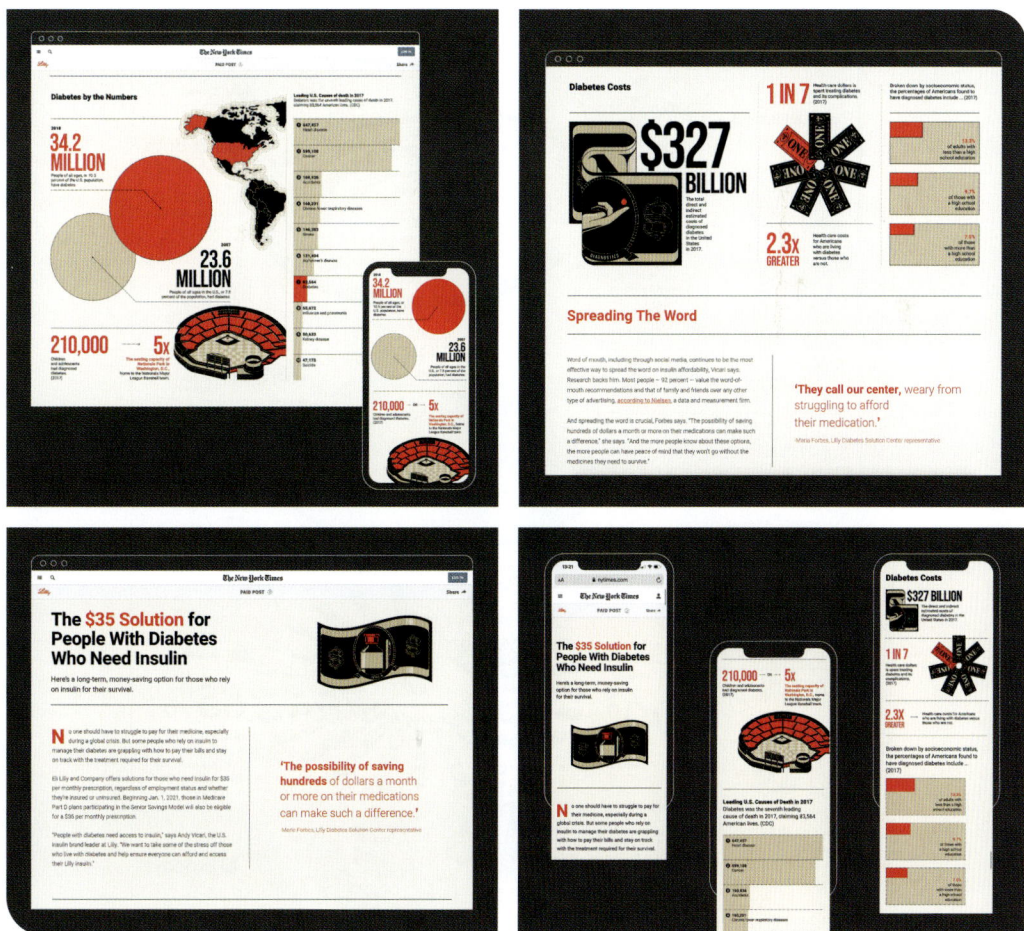

图3-12 数据可视化设计图表，Manuel Bortoletti，意大利，2020

**Expedia**

# Vacation Deprivation Report 2024

## ☀ Vacation Deprivation Around the World

Percentage of people who feel they don't take enough vacation.

**Globally**

# 62%
of the world's workers are vacation deprived.

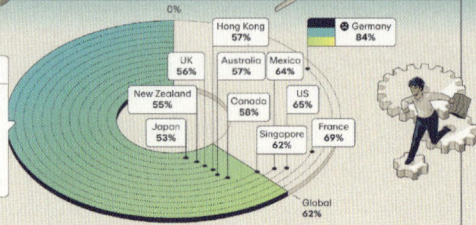

0%

Hong Kong 57%
Germany 84%
UK 56%
Australia 57%
Mexico 64%
New Zealand 55%
Canada 58%
US 65%
Japan 53%
Singapore 62%
France 69%
Global 62%

## ☀ Days Left Behind Last Year

Whether workers are given more or less time off by their employers, almost everyone is leaving days unused.

DAYS LEFT BEHIND

Singapore 1 / 20
Japan 7 / 19
US 1 / 12
France 2 / 31
UK 2 / 27
Australia 3 days left behind / 21 days off given
Hong Kong 0 / 26
Germany 2 / 29
New Zealand 3 / 21
Mexico 2 / 16
Canada 1 / 19

**US / Japan**
Despite being given the least amount of vacation days, workers in the USA and Japan are still leaving them unused.

**France / Germany**
Workers in France and Germany are given more days off but still leave some unused.

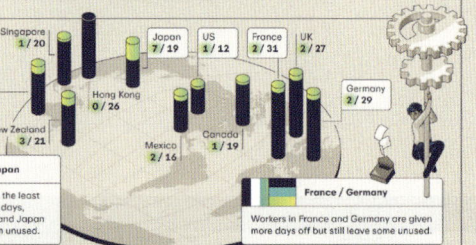

## ☀ Lifetime Days Left Behind

Over a 45-year career, how does leaving a few vacation days behind every year add up?

EXTRA DAYS TAKEN

Hong Kong 90

DAYS LEFT BEHIND

Japan
New Zealand / Australia
Global
Mexico / France / Germany / UK
US Canada / Singapore

45  90  90
315
135

**What is Hong Kong's secret?**
Hong Kong workers take 90 extra days off over their careers. They maximize vacation days by adding time off around holidays.

**Globally**

# 90 days
Global workers leave 90 days of vacation behind over their 45-year careers.

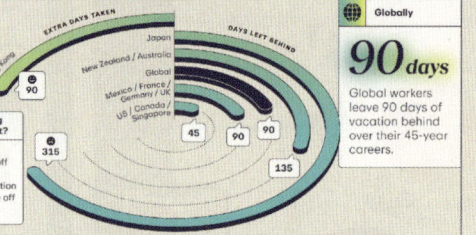

## ☀ Time Between Time Off

Taking time off regularly is rare. Most of us go many months without taking any vacation days.

**Longest time between time off**

**US**
Americans go the longest without taking vacation because "life is too busy to plan or go on vacation."

HOW LONG DO GLOBAL WORKERS GO WITHOUT TAKING VACATION DAYS?

18% of workers
9%
1+ YEARS
1 MONTH
18%
6-12 MONTHS
2-6 MONTHS
28%
27%

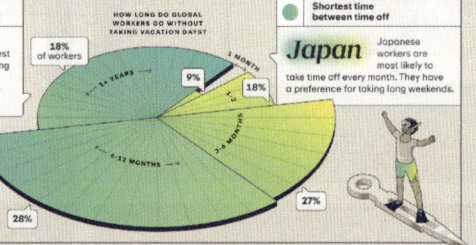

**Shortest time between time off**

**Japan**
Japanese workers are most likely to take time off every month. They have a preference for taking long weekends.

## ☀ No More Days Left Behind

Everyone wants to take more vacation days. It's time for our behaviors towards time off to match our attitude.

**Globally**

# 90%
of workers say they feel like time off is a basic right.

**Globally**

# 85%
of workers report having a more positive attitude after taking a vacation.

Your time off is yours for the taking.

**Leave no days behind.**

Get the Expedia app

**Expedia**
Made to Travel.

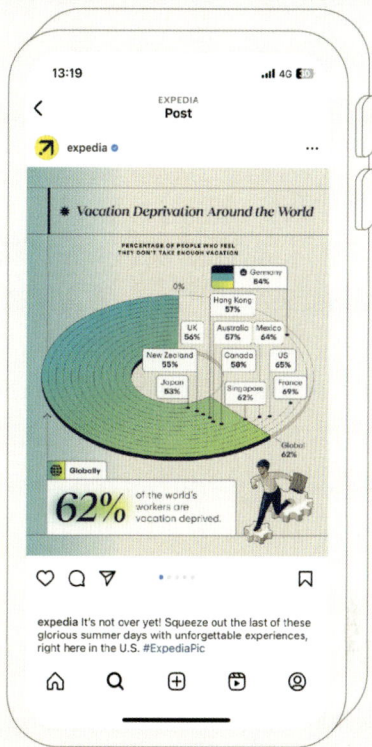

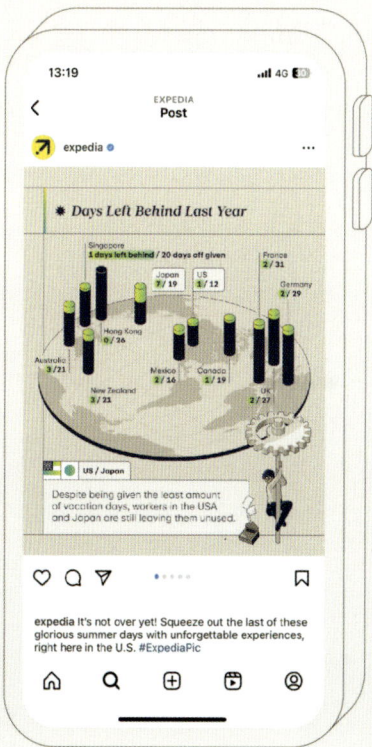

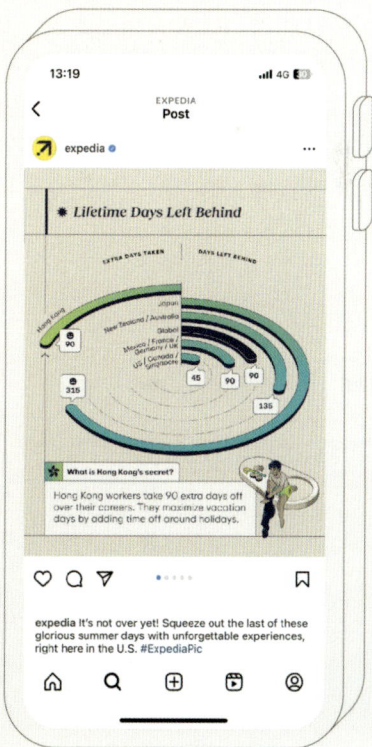

图3-13　假期剥夺调查报告信息图表，Manuel Bortoletti，意大利，2024

## 3.4 专题拓展：现代界面设计中的"栅格系统"

### 3.4.1 栅格的概念与构成

#### ■ 栅格的概念

栅格与网格有着密切的联系，栅格的概念最早起源于平面设计中的网格系统。从词义来看，栅格与网格的英文均为"Grid"，意为网格、方格或格子。两者的本质是一致的，而网格可视为栅格的雏形。随着互联网对现代设计的影响，界面设计逐渐引入网格概念，目的是通过构建参考线系统，形成用户界面的基本结构或框架。此外，由于计算机、手机等设备的屏幕宽度固定，界面设计呈现"宽度固定、长度可无限延展"的特性。因此，界面设计中仅需纵向划分栅格列，以规范横向内容的比例与对齐关系，这成为栅格与网格的核心差异。通常，平面设计领域使用"网格"这一术语，而界面设计（如移动端或网页端）则更倾向于"栅格"。

#### ■ 栅格的构成

栅格的构成一般有三个部分，分别是页边距、水槽及栅格宽度（图3-14）。

页边距指的是栅格与外层信息之间有着保护作用的安全区域。在界面设计中，通过对页边距的设置，有效地将界面内容进行版块划分，从而保证界面的规范性与亲密性。

水槽指的是栅格与栅格之间的距离，其目的是将栅格进行规律合理的分布排列，统一界面中各个卡片或元素之间的间隔距离，使信息可以整齐地排列。

栅格宽度指的是栅格在界面中的基本宽度。通常在界面设计当中，用界面整体的宽度减去水槽和页边距的宽度，得出的平均值便是栅格宽度。

图3-14 栅格的构成

## 3.4.2 栅格具有对齐作用

如上所述，栅格是一个矩形的格子，因此栅格四周的边缘线都可以被设计师当作界面的参考线，用于界面内容的对齐排列等。使用栅格将界面内容进行对齐可以让观众更方便轻松地浏览页面的信息，提供舒适的阅读体验，使观众更容易沉浸于界面的浏览。

图 3-15 展示了 Getstone 品牌的网页设计。Getstone 主要从事优质天然石材的室内装修设计工作，其网站整体视觉风格融合了现代、美观、实用及信息丰富的特点，并采用相对简洁的四格栅格系统进行布局。图 3-15 下方为该网页的界面设计示例，上方通过栅格分解示意图具体呈现了四格栅格在页面中的分布逻辑。该布局清晰展示了四格栅格的对齐规则，体现出良好的视觉秩序。

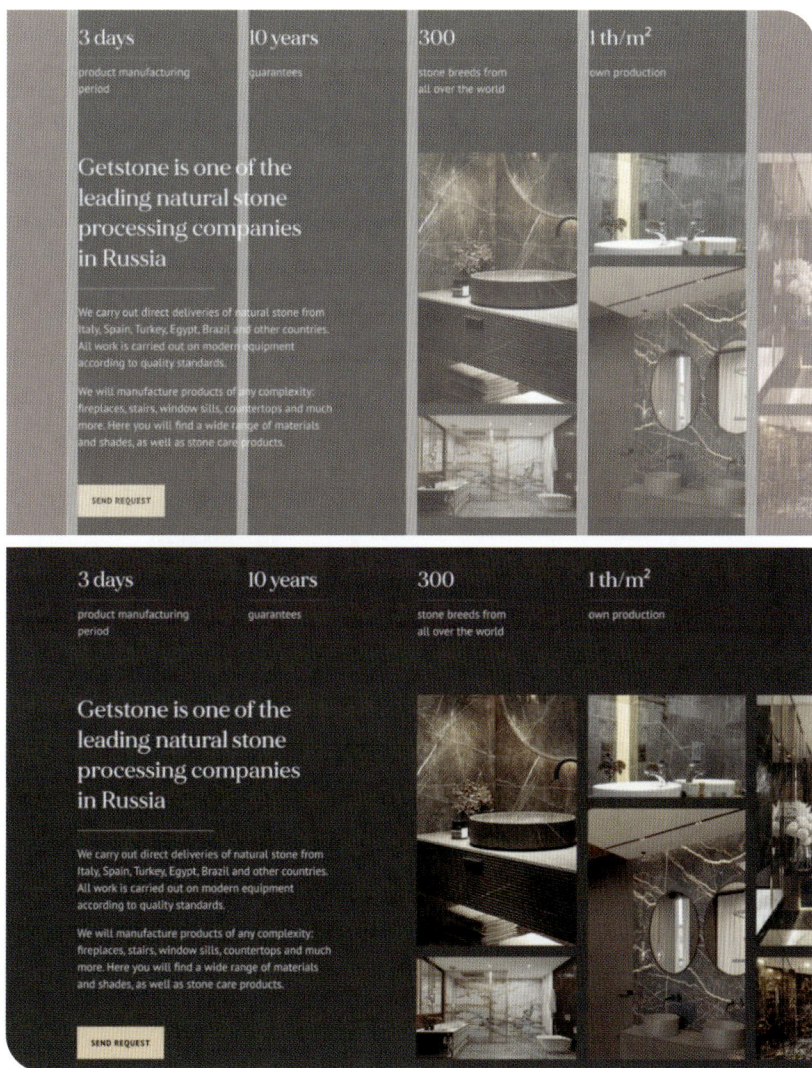

图3-15　Getstone品牌网页设计，Marya Yastrebova，俄罗斯，2022

### 3.4.3 栅格具有划分信息层级作用

栅格具有划分信息层级的作用。当我们面对信息内容比较繁多的界面设计时，如何通过排版去清晰地展现信息的不同层级，往往是设计师经常遇到的一个工作内容。对于信息层级的视觉表达，可以通过栅格来规划整体的版面布局方式以及比例关系等，从而清晰地传递出信息内容之间的主次关系，使观众能够更快捷地接收到主要信息，提高整体的阅读体验与视觉美感。图 3-16 是某牙科诊所网站登录页面界面设计。该网页设计非常简洁，注重图片、文字的编排。从该案例中我们可以看出，设计师有意识地区分了图片版块和文字版块内容在整个界面中的宽度比，使整个页面内各信息具有层次感、呼吸感。

### 3.4.4 栅格具有区分信息板块作用

栅格具有区分信息板块的作用。图 3-17 是某产品的线上营销详情页设计。该详情页从上到下分为几个方形区域，在每个方形区域中又分为左右或上下呼应的块面，上下左右均呈现出了均衡对称的感觉，非常直观地展现出了栅格区分信息板块的作用。

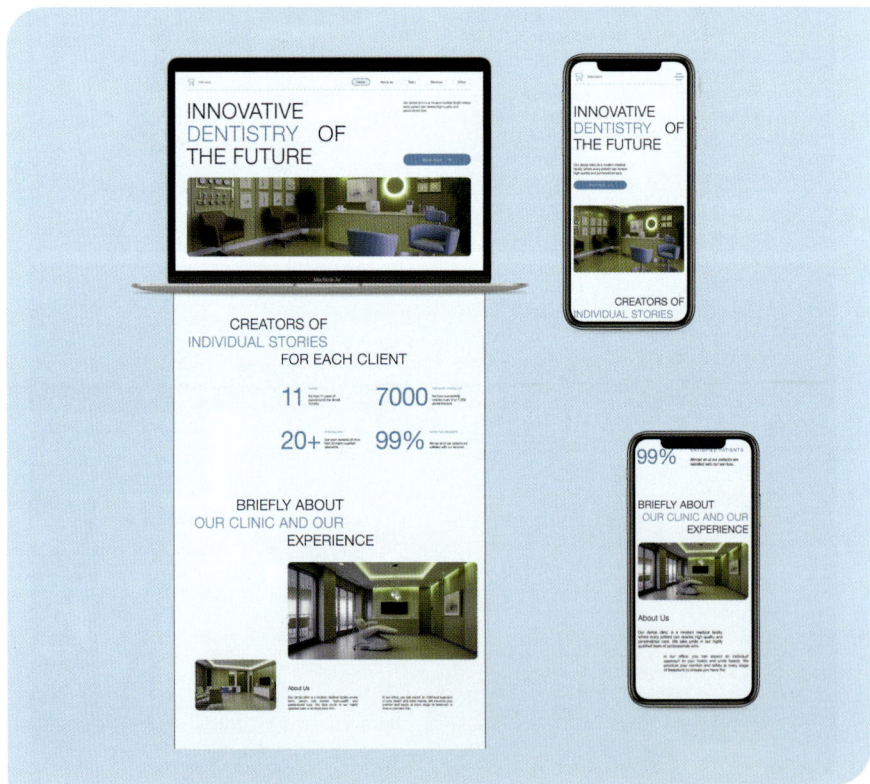

图3-16　某牙科诊所网站登录页面界面设计，Ivan Matsey，乌克兰，2024

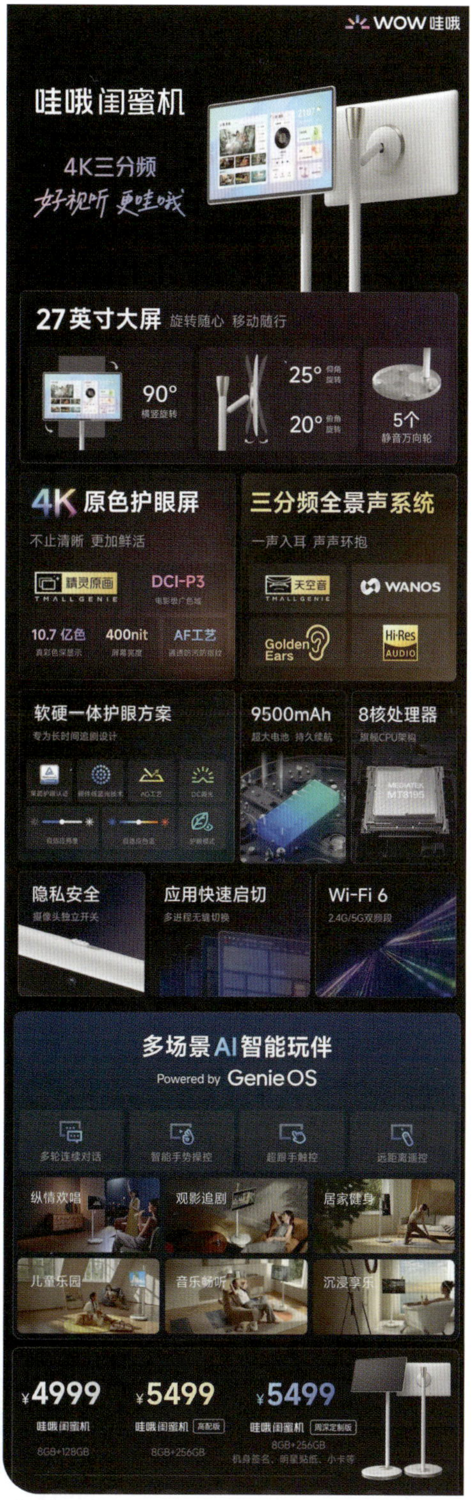


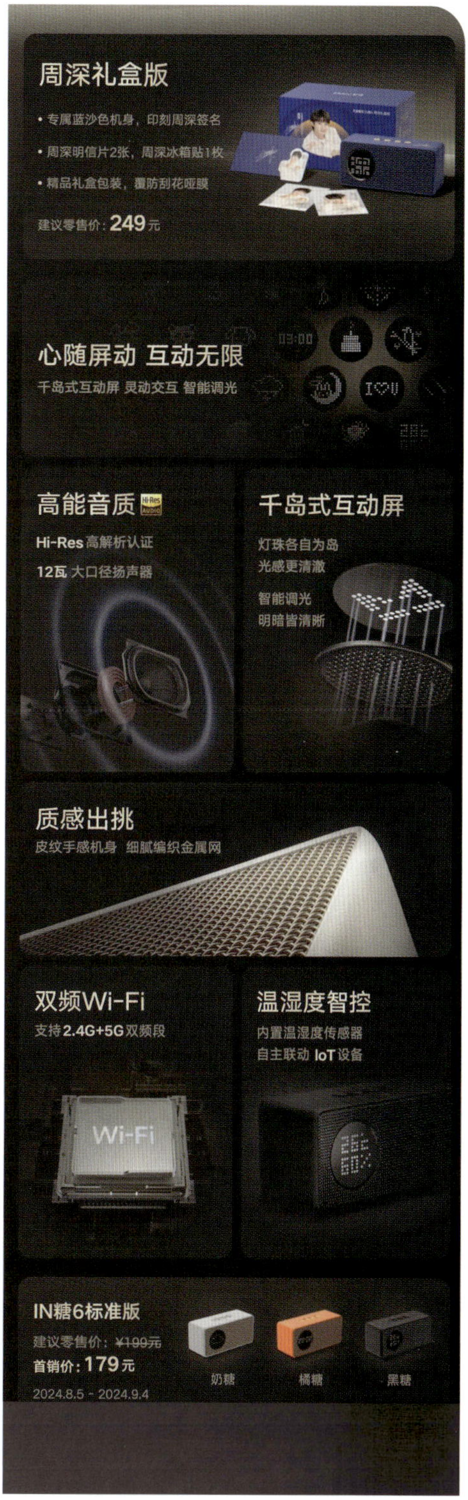


图3-17　某产品线上营销页面设计，2024

# 3.5　思考练习

■　**思考内容**

1. 网格系统在国际主义设计风格中的应用与影响

要求：阐述网格系统的基本概念。结合具体案例，分析这些作品中网格系统的构建方式、功能分区、视觉效果等，说明其如何体现国际主义设计风格的核心理念。

2. 界面设计中栅格系统的构建原则与应用实例

要求：总结界面设计中栅格系统的主要构建原则，包括对齐、重复、对比等，解释这些原则在提升用户体验和设计美感中的作用，并选取一个常见的应用界面（如 App 首页等），分析其栅格系统的具体构建方式。

■　**练习内容**

网格系统理论在网页设计中的应用

目标：提升网页设计技能：将网格系统理论应用于网页设计实践中，提高页面布局的合理性、一致性和美观性。培养细节意识：通过精确的设计和执行，培养对细节的关注和处理能力。

主题选择：选择一个你感兴趣或熟悉的主题，如个人博客、企业官网、电商店铺、作品集展示等，作为网页设计的主题，确保主题具有明确的受众群体和设计目标。

建立网格系统：根据网页内容的复杂性和目标受众的浏览习惯，设计一个合适的网格系统。

网格系统可以基于列数、栏宽、间距等参数进行定义，确保页面元素的排列整齐、有序。

页面布局设计：根据网格系统，规划网页的页面布局，包括头部、导航栏、主体内容区、侧边栏、页脚等部分。

提交内容：提交一份完整的网页设计作品，以及一份设计说明文档，解释设计思路。如果可能，提交一份网页的预览链接，以便进行在线查看。

扫码获取案例

# 版式设计中的视觉流程

## 第4章

**内容关键词**

视觉流程　视知觉　设计方法　布局　层级关系

**学习目标**

解锁视觉流程的基本原理
了解不同类型视觉流程的设计方法，并灵活运用
掌握如何利用视觉流程塑造版面层级关系

## 4.1　解锁视觉流程原理

在版式设计领域，视觉流程是指利用视觉元素对用户的浏览视线进行引导。用户从视觉 A 点浏览至视觉 B 点，可以通过对版式中的视觉流程进行设计来实现。清晰的视觉流程，不但可以影响浏览路线，还可以增强受众的关注度、增长视线停留时间，使版面信息更加高效地传播。

版式设计视觉流程的基本逻辑是将视觉运动法则用于设计，以选取最佳视域、捕捉注意力为出发点，进行视觉流向的诱导、流程秩序的规划、构成要素的空间定位，再到最后印象的留存（图 4-1）。

图4-1　Knit Con针织品牌活动策划，Dave Weber，Gabriel Ribes，美国，2020

## 4.1.1　视知觉

### ■　视觉

人类通过眼、耳、鼻、舌、身将外界信息汇总到大脑，进而对信息做出判断和处理。其中，要特别说明的是人的视觉感官。根据美国实验心理学家赤瑞拉所做的实验得出以下结论：人类大脑从外界获取的信息 83% 来自视觉，11% 来自听觉，6% 来自其他感觉通道（包括触觉、嗅觉、味觉等）。由此可见，视觉是人类认知事物中的关键一环。

### ■　知觉

知觉指对外界事物产生的感觉进行一系列的加工过程，换句话说，知觉是感官对事物的综合感知。知觉有整体性、选择性、恒常性、意义性等特征。在现实生活中当人们对某一事物形成知觉时，各种感觉就已经结合到了一起，甚至只要有一种感觉信息出现，都能引起大脑对物体整体形象的认知。例如，当我们看见一个物体时，并非仅仅感知到了物体本身，而是包含了这一物体与其他物体的距离、方位，乃至其他外部关系的整体性认知。

## 4.1.2　视野分布

视野又称视场，指当眼睛固定注视一点时所能看见的空间范围，人眼的视野又分水平面视野与垂直面视野。

### ■　水平面视野

在水平面视野中，人眼最敏感的视区是在中心视角每侧 1° 的范围内，是人眼接收信息最强烈的视区；最佳视区在中心视角每侧 10° 的范围内，此范围内眼球的识别力最强；中心视线每侧 20° 范围内，是瞬息视区，可在极短的时间内识别物体形象；中心视线每侧 30° 范围内，是有效视区，需集中精力才能识别物象；中心视线 120° 范围内，为最大视区，是人眼视野的边缘区域，需投入较大的注意力才能识别清晰。人若将其头部转动，最大视区范围可扩展到 220° 左右（图 4-2）。

### ■　垂直面视野

最大视区为中心视线以上 60° 、以下 70° ，最优视区与水平方向相似。颜色辨别界限在标准视线以上 30° 和标准视线以下 40° 。实际上，人的自然视线是低于标准视线的。在一般情况下，站立时自然视线低于标准视线 10° ；坐着时低于标准视线 15° ；很松弛的状态下，站立和坐着时自然视线标准视线分别为 30° 和 38° ，观看展示物的最佳视区则小于标准视线上下两侧 30° 内的区域（图 4-3）。

■ **眼动测试**

眼动测试指通过特定的眼动观测设备（如眼动仪），记录用户浏览页面时视线移动的过程，以及浏览不同板块的关注度。眼动测试可以帮助我们有效且科学地了解用户的浏览行为，从而评估视觉设计的效果。图4-4为研究人员正在使用眼动仪，通过记录眼角膜对红外线反射路径的变化，计算眼睛的运动过程，并推算眼睛的注视位置，科学地分析用户眼球运动的规律。

国外有许多机构利用眼球跟踪热图与虚拟现实（VR）技术相结合，从而对零售店的货品摆放进行管理（图4-5）。从获取的数据中研究人员发现了许多信息，例如：最吸引浏览者注意的地方是产品包装上的图像；货品摆放越与中心视线靠近，获得的关注度越大等。毋庸置疑，眼动测试得出的信息能够帮我们更好地实现版式设计的目标，提高信息传达效率。

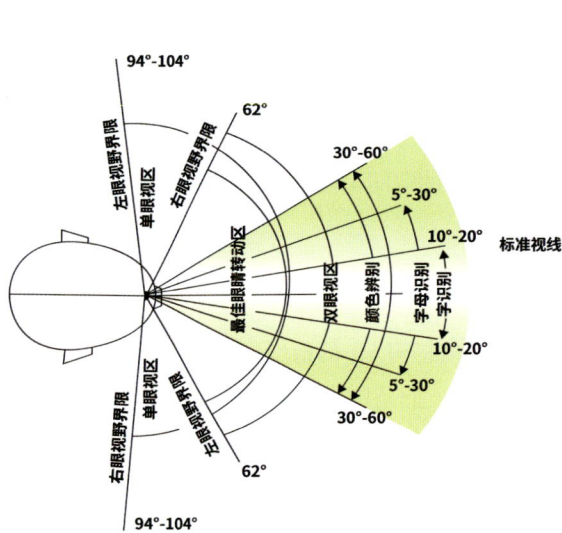

图4-2　水平面内的视野示意

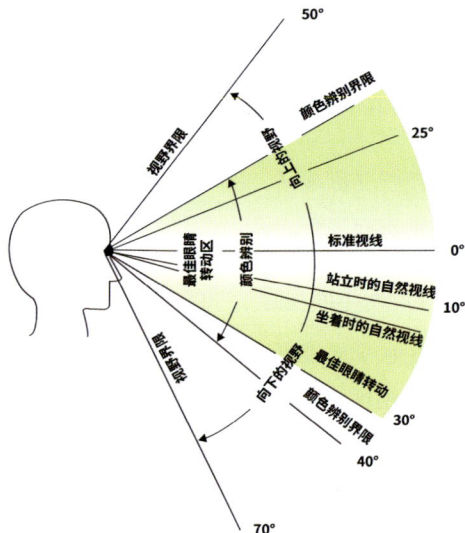

图4-3　垂直面内的视野示意

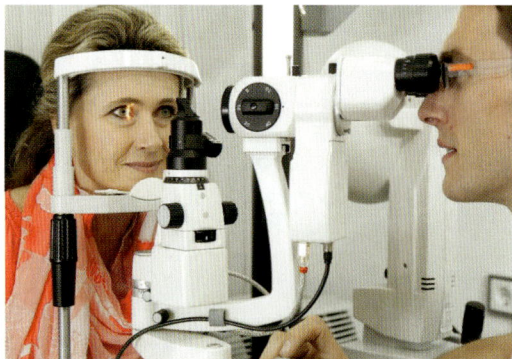

图4-4　研究人员使用眼动设备

图4-5　研究人员在零售店中使用设备获取眼球热力图

## 4.1.3 视觉流向

视觉流向指人眼浏览过程中视觉运动的轨迹。在浏览或观察外界的时候，人眼具有选择和聚焦功能，这种特性使视觉总是从某一聚焦点按一定的轨迹向另一聚焦点移动，从而形成了视觉流向。视觉流向决定人们的浏览过程，也是判断浏览是否顺畅、阅读是否享受的重要依据。

### ■ 视觉流向规律

人们在浏览信息时，总是按照由左到右、自上而下的习惯进行浏览。这种习惯是在长久以来生活环境影响下形成的，类似的浏览习惯还有由大到小、由简到繁、由熟到生、由图到文、由直到曲的移动等。这些潜在的浏览习惯影响着视觉流向，从而进一步影响受众浏览版面的节奏感与舒适感变化。

人眼的水平运动比垂直运动要快，并且上下运动比水平运动更容易产生视觉疲劳。因此在版式设计的视区布局中，原则上应该遵循左上—右上、左下—右下的顺序进行布局，同时版面的视线引导应该按照顺时针的走向进行元素编排（图 4-6）。

图4-6　新艺术运动信息可视化，Malak Abdel Salam，埃及，2022

■ **视觉优先级**

视觉优先级与认知及心理作用相关。心理学研究表明，在二维空间中，画面上半部分会给人一种放松自在的感觉，而下半部分会给人一种稳定和压抑的感觉。同样，左半部分会给人轻松、自在的感觉，右半部分则给人稳定和压抑的感觉。所以在二维空间中，视觉的影响力是上方强于下方，左侧强于右侧。

遵循这样的规律，可以了解到上半部分中部的区域，是版面中视觉最舒适的区域，即最佳视域。若将画面中的长方形版面进行横向和纵向划分，可以得到三个焦点，我们的视线就会按照这三个交点的位置来进行移动，同时也会发现，最上面的点是最能吸引我们注意的点，即最佳焦点。沿着最佳焦点进行放射性的视觉扩散，它的宽度大约为版面宽度的45%。

在对版面进一步横向与纵向划分后，得到上下四栏与左右两栏，即八块区域，根据视觉规律可以大致得出八块区域的视觉优先级：从上至下分别为17%、44%、28%、17%；从左至右分别为33%、28%及23%、16%（图4-7）。

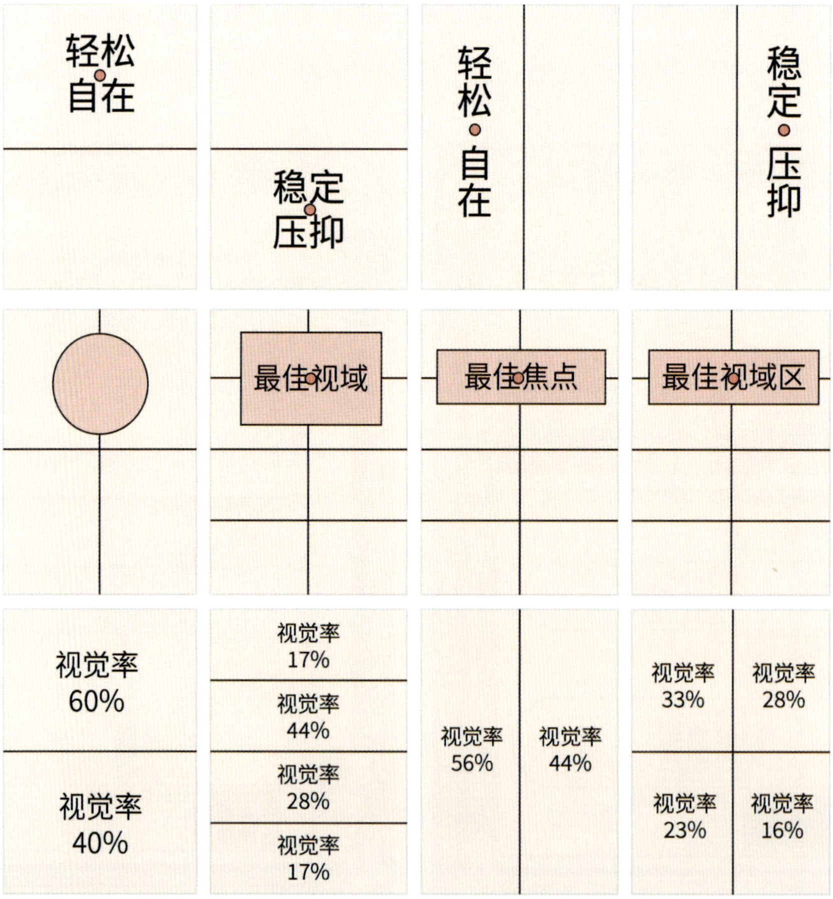

图4-7 视觉优先级示意

■ 视觉流向特征

（1）逻辑性。版式设计对视觉信息的编排要符合人们视觉认知的逻辑顺序。视觉的主次顺序应该与信息要素的主次关系一致，利用视觉流向的基本规律，形成清晰的浏览脉络。

（2）诱导性。我们在欣赏平面设计作品或浏览信息时，视线会不自觉地跟随画面布局轨迹而移动，这种贯穿整个画面的视觉路径即视觉流程。视觉流程具有一定的诱导性，使浏览者的视线按照设定的轨迹做视线运动。

（3）节奏性。良好的浏览体验需要节奏，信息内容的呈现也需要节奏，当我们看到杂乱的视觉内容时，很难接收其传达的信息，甚至需要花费大量的时间浏览和观察，才能获取到关键信息。因此，需要利用视觉流向的节奏性来引导受众，使受众视线跟随版面的视觉节奏来移动（图4-8）。

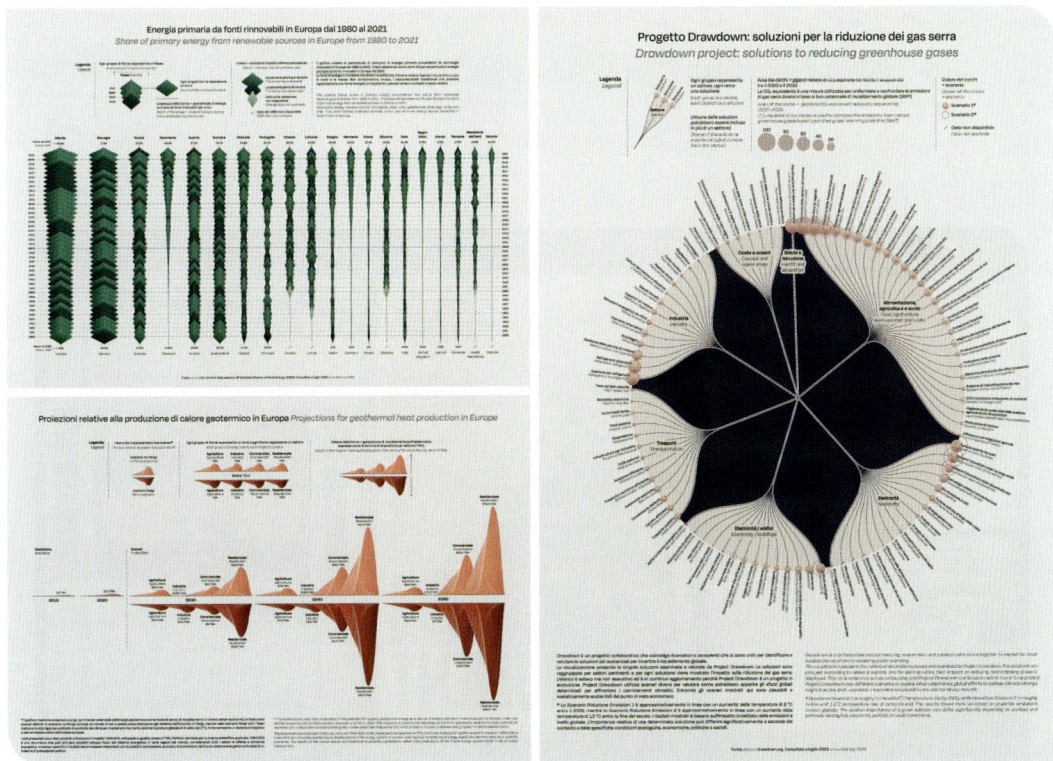

图4-8 The Circle 信息可视化设计，Federica Fragapane，意大利，2024

观者在浏览界面时视线往往从左至右自然流动。在这件作品中，以第一个用户界面作为起始点，巧妙地运用了横向排列的元素和视觉引导，创造了一个流畅、连贯的视觉体验，有效地加深了观者对App产品或服务的印象。

## 4.2 视觉流程的类型

### 4.2.1 单向式视觉流程

单向式视觉流程是引导用户从第一视点到第二视点进行浏览的视觉模式。用户的视觉往往先落在版面中的第一视点，随后按照常规的视觉流程规律，被诱导随着编排中的各元素的有序组织，从主要内容开始依次观看下去。单向式视觉流程使页面的流动更为简明，直接地表达主题内容，有简洁而强烈的视觉效果。

**■ 竖向视觉流程**

将视觉元素沿着画面的垂直轴线做纵向编排，使画面形成竖向的视觉流程。在竖向视觉流程中，元素的排列和动态效果可以形成一定的节奏感。例如，元素之间的间距、大小、形状等可以随着垂直方向的移动而逐渐变化，从而营造出一种有规律的视觉韵律。这种节奏感能够使海报更加生动有趣，同时也有助于提升观者的阅读体验（图4-9）。

图4-9 动态海报设计，Kickin，印度，2024

这是一组动态海报设计作品，海报中的图像、文字等视觉元素按照垂直方向进行排列，从而引导视线上下移动，并通过元素的移动、缩放或旋转等方式来加强竖向视觉流程。

■ **横向视觉流程**

　　将视觉元素沿着画面的水平轴线做横向编排，视觉元素集中在水平视线，形成横向轮廓。横向视觉流程多见于横向版面的设计中，具有安宁、稳定、宽阔的特点，并在左右两个方向上具有延伸感（图4-10）。

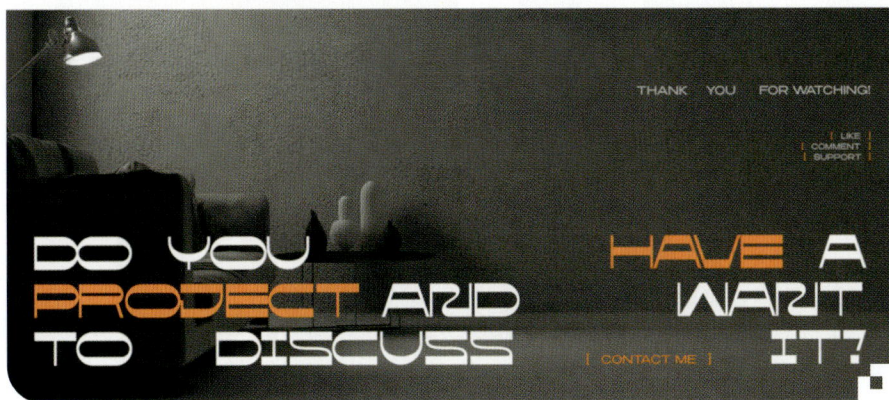

图4-10　室内设计工作室网页设计，Ksenia Prokopenko，乌克兰，2024

■ **斜向视觉流程**

　　将视觉元素以倾斜方向为轴线做斜向编排，画面中有一条或多条斜线相交为视觉引导方式，倾斜的角度以画面对角 60°、45°、30° 为常见。倾斜造成的不安定感往往会带来极大的视觉冲击力，是打破平庸和无趣的表现技巧（图 4-11、图 4-12）。

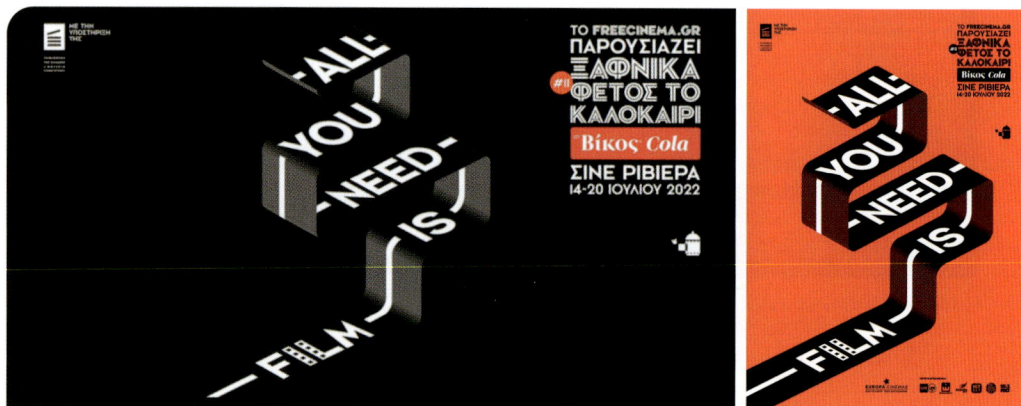

图4-11　《Suddenly This Summer》电影致敬主视觉及应用设计，Marina Tzatzo，希腊，2022

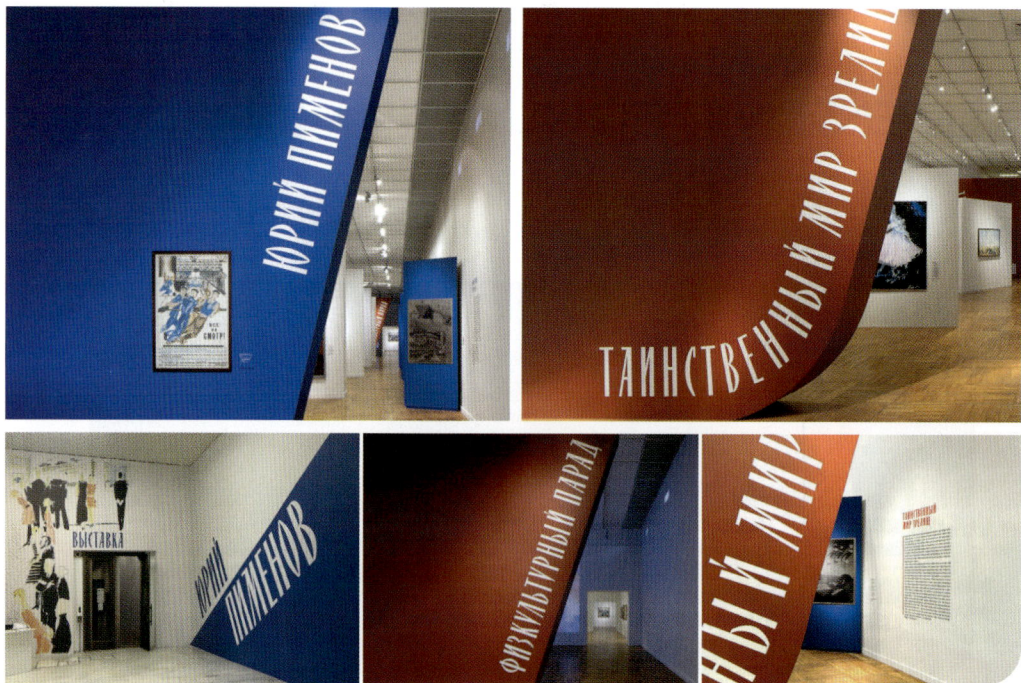

图4-12　GVM音乐节物料设计，Daria Klets，捷克共和国，2024

## 4.2.2　曲线式视觉流程

曲线式视觉流程是将各视觉要素随设计的曲线引导的方向分布。曲线式视觉流程形式变化多样，具有强烈的韵律感和节奏感。常见的曲线式视觉流程有弧形 C 和回旋形 S 等（图 4-13、图 4-14）。

图4-13　尤里·皮门诺夫展览设计，Daria Klets，捷克共和国，2024

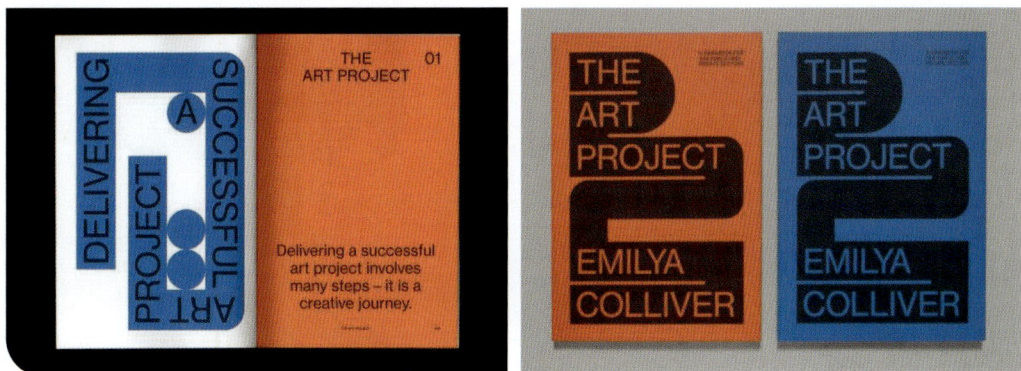

图4-14　《*THE ART PROJECT*》书籍装帧设计，Thought & Found，澳大利亚，2023

### 4.2.3 指向式视觉流程

指向式视觉流程通常利用具有明显指引性的造型符号来引导视线流动，通过元素造型诱导视线流动的方向。

图 4–15 是 Knowadays 的线上课程平台网页设计，通过引导线来排版文字信息，引导读者快速有效地关注重点信息。整个版面整洁有序，给人以清晰明了、简约大气的视觉感受。

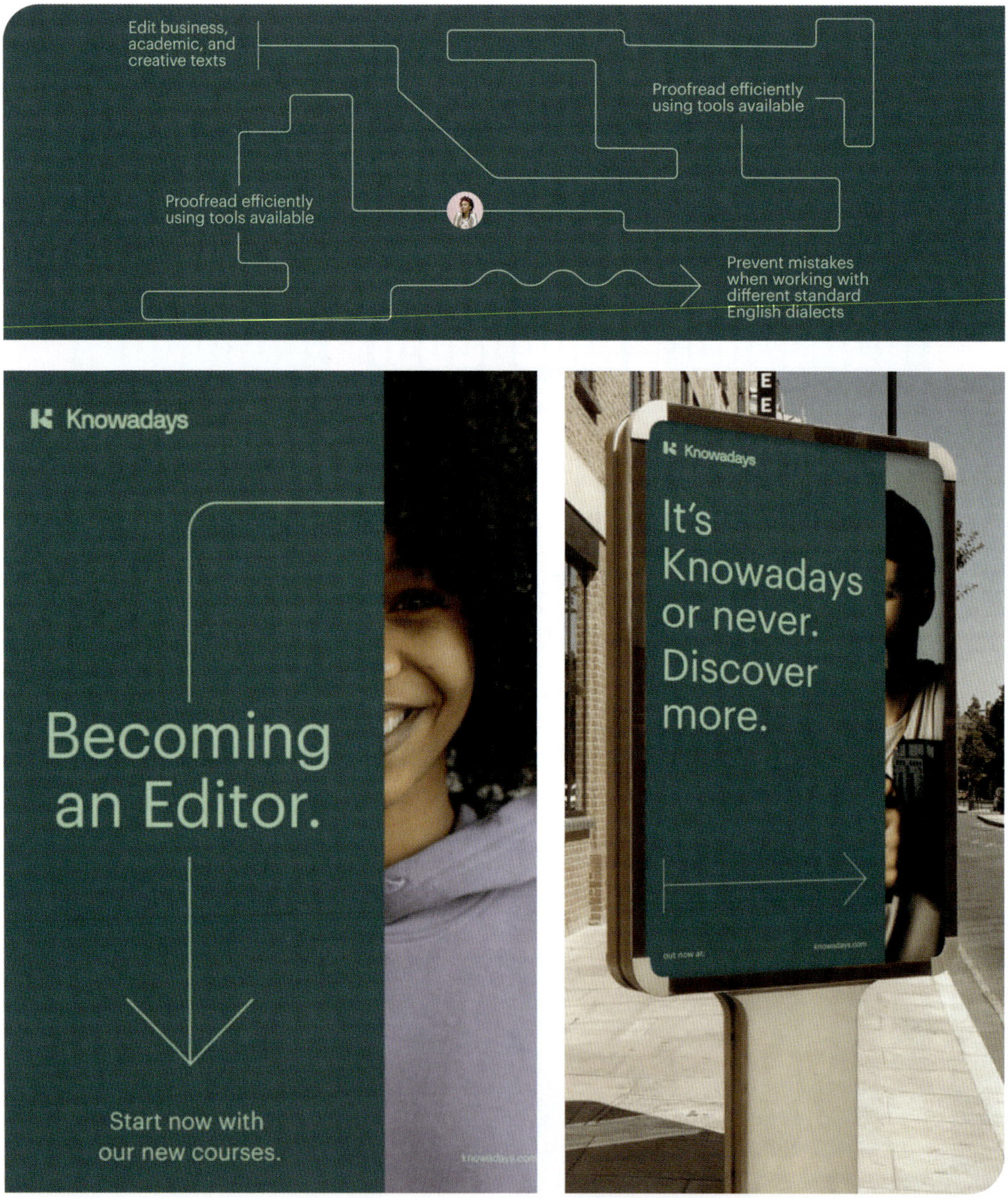

图4-15　Knowadays的线上课程平台网页设计，Micha & Mierzwa，波兰，2022

## 4.2.4　散点式视觉流程

　　散点式视觉流程是指在一个版面中出现了多个相同视觉吸引力的视觉元素。当版面中视觉元素丰富且需要同时展示的时候，散点式既能营造丰富充实的视觉印象，还能以自然、均衡的散点布局来形成画面的视觉样式。如图 4-16 这个画面中，九个等大方格具有同等视觉吸引力，表面看似乎没有一个明确的视觉流程指引，这就是一个散点式视觉流程。若在没有强烈的对比关系下，我们会按照阅读习惯进行自上而下或从左上到右下的浏览。

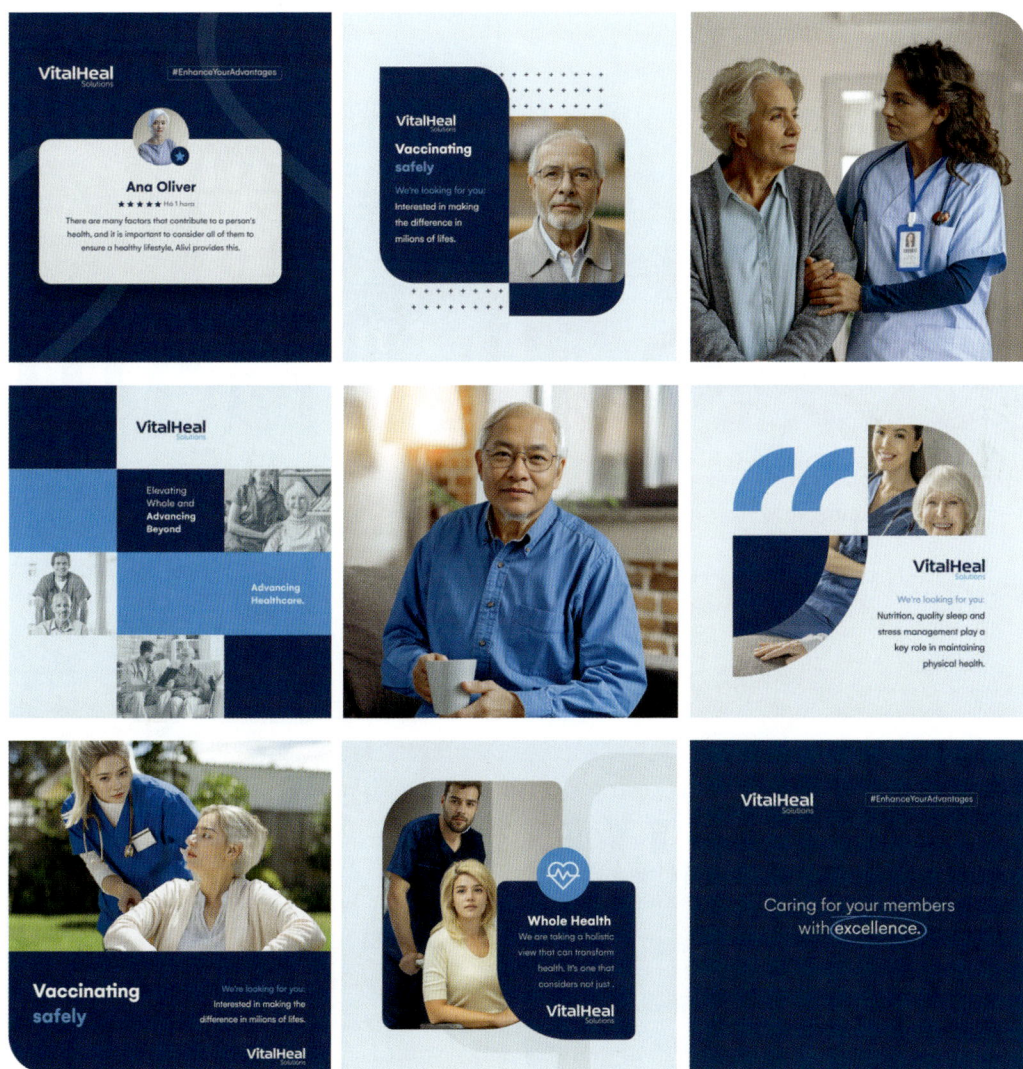

图4-16　Vital Heal 诊所社交媒体营销设计，Guilherme Damacena等，巴西，2023

## 4.2.5 重心式视觉流程

当我们的视线接触画面时，常常由左至右、由上至下迅速扫描画面，然后停留到画面最吸引视线的中心，这个中心就是视觉的重心。值得说明的是，视觉重心点并非都位于版面的视觉中心位置，尽管版面的中心位置是用户视线"落脚"的第一选择，但由于画面轮廓的变化、图形的聚散、色彩或明暗的分布等都可对视觉重心产生影响，从而影响用户视线的最终停留。因此，在版式设计中，一幅画面所要表达的主题或重要的内容信息往往不应偏离视觉重心太远。

版式设计中的版块布局、色彩搭配、形状运用、字体应用并非只关乎版面的美观问题，这些视觉要素与用户视觉心理的构建密切相关（图4-17）。

图4-17　明信片设计，Happycentro Design Studio，意大利，2024

## 4.3 视觉流程中的逻辑关系

对于拥有丰富视觉要素的版面，在设计上尽量做好重点与主次的层级区分，预判目标用户最想获取的信息、最感兴趣或最关注的信息，以此作为重点内容。我们要使最重要的信息最为突出，次要的信息次要突出，不重要的信息则要弱化处理。正如视觉流程一样，通过设计师有意识的编排，建立起版面的浏览秩序。

版面的层级关系不是一个很新鲜的话题，却是一个很常见且解决起来并不容易的问题。在一个版面中，信息的组别越多，拉开信息之间的层级关系就越为重要，当然，难度也会越大。下面介绍几种常见的建立信息逻辑关系的排版技巧。

### 4.3.1 利用颜色建立空间关系

色彩能赋予设计性格，也能增强视觉冲击力，所以给重要的文字信息加上鲜明的色彩时，能使其变得更突出，有颜色和没颜色的文字形成鲜明对比，能使层级区分更明显。例如图4-18，这组作品通过精心设计的颜色搭配和空间布局，巧妙地运用了不同的颜色来构建视觉层次和增强空间感，进而吸引观众的注意力并传达活动的主题。

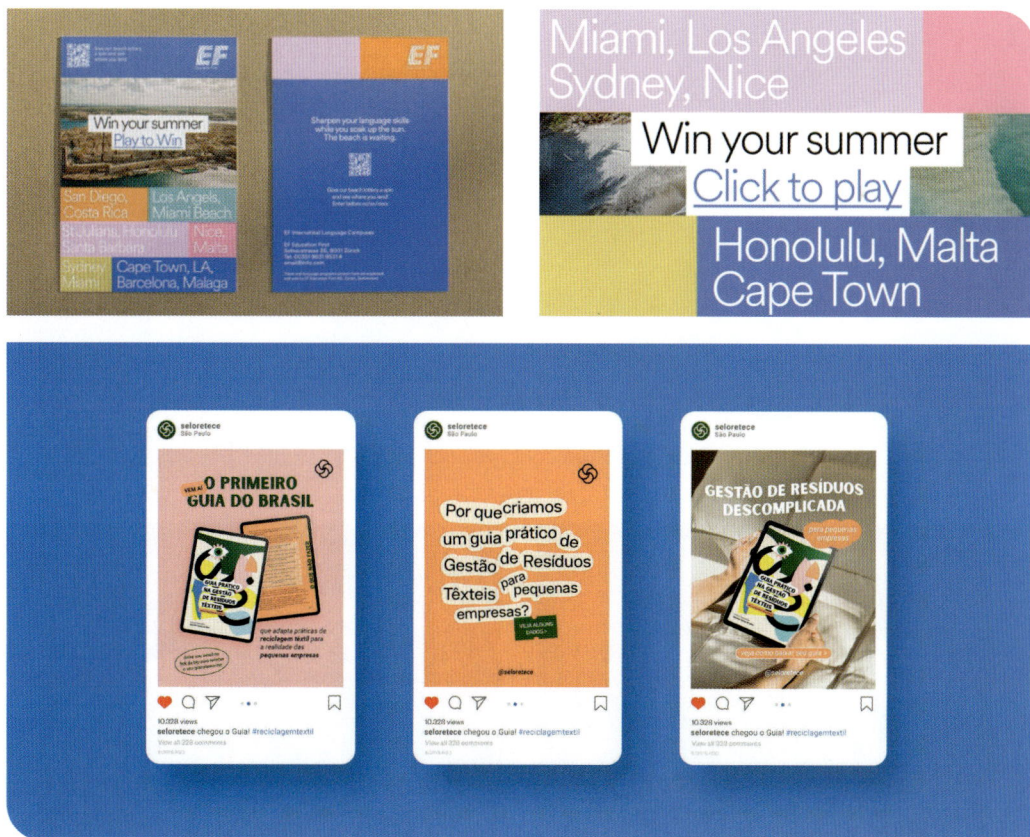

图4-18　某品牌宣传物料设计，新西兰，2023

## 4.3.2　利用位置建立主次关系

　　在一个版面中，越靠上、靠左的位置，越容易吸引读者的注意，反之亦然。因此，垂直居中偏上或左上角的位置常常用来排列标题，正文一般在版面正中央，版面底部常用来排列页码、注解或者一些附加信息等，按这样的方式把信息排列好，也能制造出简单的层级关系。如图4-19，包装上的字体在位置区分的基础上再加上字形、大小的区分，层级关系已经变得很明显。

　　图4-19中主体图案被放置在显眼的位置，这是视觉上的重心区域，能够迅速吸引观者的注意力。品牌名"Herbal Country"作为统一元素，以较大字体和醒目位置呈现，有助于品牌识别以及视觉上的统一性。而产品特性或描述性文字，如"Refresh"则位于主体图案旁边，以次要的位置和较浅的辅助色彩呈现，形成了视觉上的次级信息层。

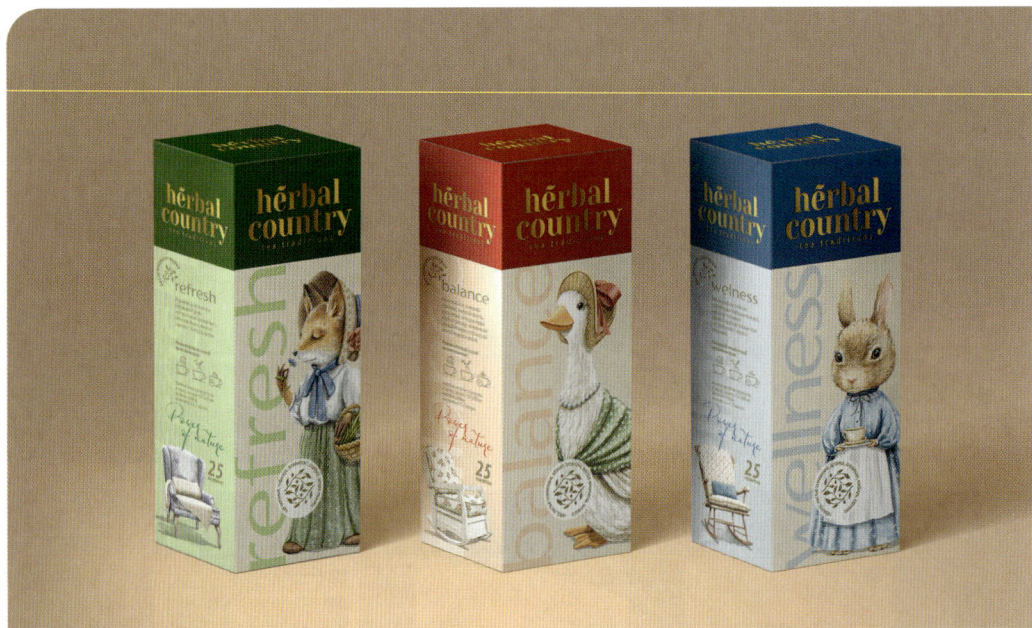

图4-19　茶叶包装设计，Maria Ivashkevich，白俄罗斯，2022

### 4.3.3　利用大小建立导向关系

　　利用视觉要素的大小对比，可以建立版面的层级关系。越大的目标越容易吸引注意力，所以在文字排版中，一般情况下字号最大的都是最重要的信息，比如标题、主题、标语等核心信息。如成都地铁的视觉导视系统（图4-20）中的重点信息就十分突出，归结其原因就在于该视觉导视系统将乘客最想获取的信息如地铁线路的数字号码、方向放大，并且用不同颜色的大色块做了不同线路的区分，而辅助文字信息被缩小，这样就为导视系统的重点信息留下了大面积的展示空间，也突出了重点信息，使版面的重点信息高效传达给目标用户。这样有重点与主次的编排，不仅增加了信息的传达效率，还增添了版面的美感（图4-21）。

图4-20　成都地铁的视觉导视设计

图4-21　日本地铁的视觉导视设计

## 4.3.4 利用间距建立层级关系

为版面中的信息编排不同的间距也能使其有效建立起层级关系。例如在图 4-22 的案例中，在狭长的版面空间内，采用竖线视觉流程，并单独对各部分的文字信息进行加工，通过间距的大小变化，使其在对同类信息做主次之分的基础上，还能与其他不同类信息产生多个层次，在空间上能与其他信息区分开。

图4-22 杜优克品牌包装设计，陈云长，中国，2022

## 4.4 专题拓展：视觉流程在展陈设计中的应用

设计的存在与发展离不开传播媒介、受众需求以及艺术与科技的推动。视觉流程设计作为平面设计的重要组成部分，在版式编排设计中的运用也从传统载体发展到多元载体。我们需要追溯过去视觉流程设计在信息传播中的发展规律，结合不同介质的特征进行实践。展望未来，视觉流程在不同载体的版式编排中，将运用更多引导形式，为受众的愉悦观看与信息的有效传播带来新思路。

### 4.4.1 视觉流程的基础构建与引导策略

展陈设计中的视觉流程是指通过空间布局、展品陈列、灯光设计等手段，引导观众在展览空间中有序移动并高效接收信息的过程。其核心在于构建符合观众行为习惯的观展路径。在展陈设计中，视觉流程的基础构建是首要任务。这涉及确定展览的整体布局和视觉起点。设计师需要深入分析展览内容，明确展览的主题、目标及核心信息，以此为基础规划出一条清晰、连贯的视觉路径。视觉起点通常选择最具吸引力或代表性的展品，它能够瞬间抓住观众的注意力，激发其探索欲（图 4-23）。

图4-23

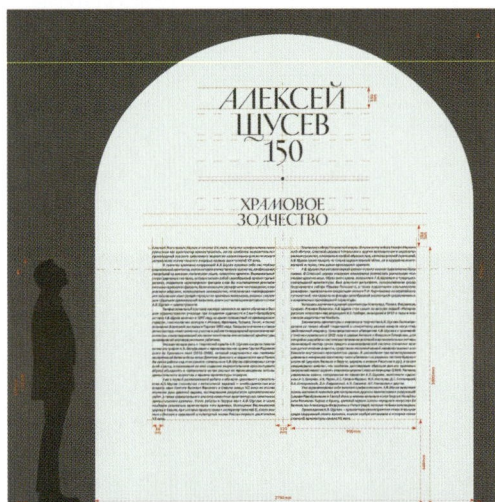

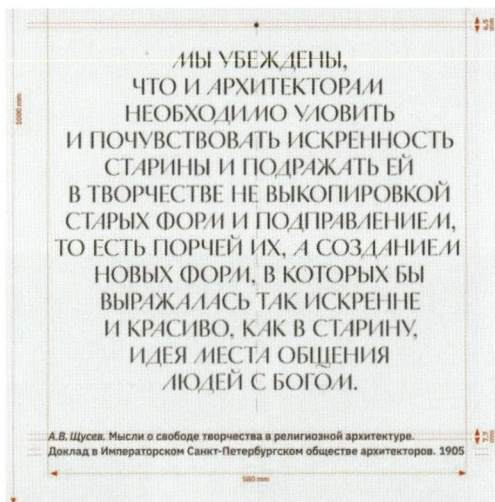

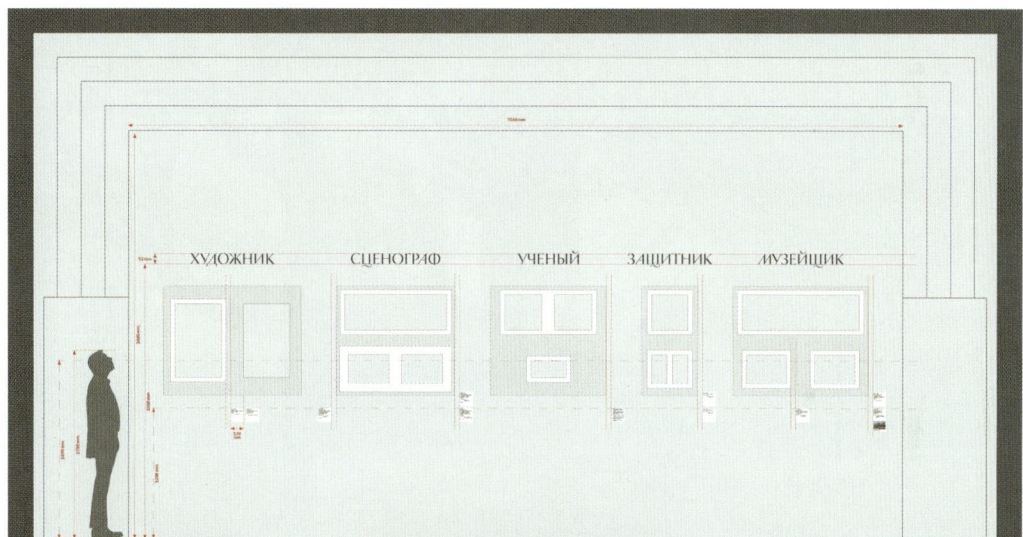

图4-23　舒谢夫建筑博物馆展陈设计，Katya Yumasheva，俄罗斯，2023

## 4.4.2　视觉流程的信息传达与引导策略

　　在展陈设计中，视觉流程的信息传达与引导策略是确保观众高效接收信息、流畅观展的关键。通过控制展区之间的过渡、展品的排列顺序以及展示方式的多样性，确保信息的传递既全面又深入，让观众在享受视觉盛宴的同时，也能深刻理解展览所要传达的核心思想和价值观。这种将艺术性、功能性和情感性融为一体的设计手法，使得视觉流程在展陈设计中发挥着不可替代的作用。随后，通过空间规划、色彩搭配、光线运用等手段，设计师巧妙地在空间中布置展品，形成一条自然流畅的引导线，引导观众按照预定的顺序浏览展览（图4-24）。

图4-24 展览设计，Portugal dos Pequenitos 等，葡萄牙，2024

# 4.5　思考练习

## ■　思考内容

1. 请思考如何进行视觉流程设计

要求：思考如何将复杂的信息通过视觉流程的设计变得更加清晰、易懂、有趣和有吸引力，提高信息的传达效率和效果。

2. 视觉流程设计与设计任务及表达主题的关系与影响

要求：不同的视觉流程设计方法适用于不同的设计任务及表达的主题，请选取两个不同的视觉流程设计方法，对比分析两者的优缺点及适用范围，并用案例进行分析。

## ■　练习内容

视觉流程理论在三折页设计中的应用

目标：深化视觉流程理论。通过实际设计三折页，深入理解视觉流程理论在版式设计中的重要性及其运用方法。将理论知识转化为实际设计技能，能够独立完成从概念构思到成品打印的整个过程。

主题选择：选择一个与你的兴趣或课程相关的主题，如环保、科技、文化、教育等，作为三折页的设计主题。确保主题具有明确的传达目标，能够吸引目标受众的注意。

技术规格：设计作品需符合打印要求，包括尺寸、分辨率、色彩模式、出血线等。三折页尺寸建议为 A4。分辨率应不低于 300dpi，色彩模式应为 CMYK，以适应印刷需求。

提交内容：提交一份完整的三折页设计文件，格式为 PDF 或 AI，确保文件包含所有必要的图层和文本信息，以便打印和修改。提交一份打印好的打印实物样品，附简短的设计说明。

扫码获取案例

# 版式设计中的视觉要素

## 第 5 章

### 内容关键词

图形 文字 色彩 视觉元素

### 学习目标

解锁视觉要素的基本构成原理
了解不同的视觉要素及表现方式，并灵活运用
掌握如何利用视觉要素达到设计目的

# 5.1 文字

版式设计视觉要素是版式设计视觉表现的基础。本部分将详细讲解如何针对不同的目标，选择视觉要素及表现方式，并在实践中整合各视觉要素的优势，为版式设计的最终效果提供有力的支撑。

## 5.1.1 字体的选择

在版式设计中，字体不仅是信息传递的媒介，更是视觉表达的重要组成部分。它们通过其独特的形态、结构和风格，为版面增添视觉美感和艺术表现力。

### ■ 字体的生成

一款字体的诞生，往往需要经过字体设计师的创意设计和字体制作人员一笔一画地制作、修改等步骤。而对于一个字体集或字库，还需要技术开发人员对字符进行编码、添加程序指令、装库、开发安装程序；测试人员对字库进行校对、软件测试、兼容性测试；生产部门对字体进行最终产品化和包装上市等多个环节。

对字体厂商而言，推出一款什么样的字体，还要经历市场调研、专家研讨等环节，以保证推出的字库具有市场竞争力。同时，字体的字形以及编码，也要遵循国家语言文字的相关规定，保证字库产品符合标准。图 5-1 为遒逸超黑字库设计。

图5-1 遒逸超黑字库设计

■ 中文字体

中文字体种类繁多，大致可以分为宋体、黑体、圆体、书法体、美术体等（图5-2）。

| 宋体 | 仿宋　　思源宋体　　汉仪粗宋<br>三极黑宋体　　华康标题宋 |
| 黑体 | 微软雅黑　思源黑体　三极智黑<br>站酷酷黑　　阿里妈妈数黑体 |
| 圆体 | 阿里妈妈方圆体　　逐浪圆体<br>汉仪正圆　　华康方圆体 |
| 书法体 | 上首苍穹书法体　　汉仪隶书简<br>汉仪彦湖手书　　临海隶书 |
| 美术体 | 华康娃娃体　　喵字美味体<br>汉仪小麦体　　汉仪麦田体 |

图5-2　中文字体类别

（1）宋体。宋体字形方整，结构严谨，端庄秀丽，刚柔相济，易于阅读。多用于文章的内文排版，给人以典雅、朴实的视觉感受。在宋体特征基础上还有一些变体：如方正书宋简体、思源宋体、造字工房俊雅锐宋等。这些变体在保留宋体基本特征的基础上，进行了不同程度的创新设计，以适应不同的设计需求。

（2）黑体。黑体笔画粗直笔挺，字形方正饱满，给人以稳重、醒目、理性的视觉感受。多用于标题、封面或正文中需要突出的部分。其变体如汉仪旗黑、冬青黑体、兰亭黑、方正悠黑等，在字重、风格等方面各有特色，满足不同设计场景的需求。

（3）圆体。圆体字形圆润，给人一种温暖、可爱、安全、易亲近的感觉。适用于儿童读物、卡通设计等领域。

（4）书法体。书法体与现代字体有着内在呼应，具有古朴、艺术的气质。可以用于营造传统文化氛围或增加设计的艺术感。书法体可以细分为楷书、行书、草书与隶书等，每种字体都有其独特的风格和表现力。

（5）美术体。美术体新颖别致、个性鲜明，具有强烈的视觉冲击力。广泛应用于海报、广告、包装设计等领域，以吸引观众的注意力。

### ■ 字体家族

有些字体为了适应不同的设计需求，在一款字体的基础上，拓展出更多的字体选项，这些细分出来的样式，属于同一字体家族。例如思源宋体根据字重又分为极细体、瘦体、细体、常规体、中等体、粗体、重体（图5-3）。

| | |
|---|---|
| 思源宋体——Extralight | 1.2.3.4.5.6.7.8.9 乘风破浪会有时，直挂云帆济沧海。 |
| 思源宋体——Light | 1.2.3.4.5.6.7.8.9 乘风破浪会有时，直挂云帆济沧海。 |
| 思源宋体——Regular | 1.2.3.4.5.6.7.8.9 乘风破浪会有时，直挂云帆济沧海。 |
| 思源宋体——SemiBold | 1.2.3.4.5.6.7.8.9 乘风破浪会有时，直挂云帆济沧海。 |
| 思源宋体——Mediumt | 1.2.3.4.5.6.7.8.9 乘风破浪会有时，直挂云帆济沧海。 |
| 思源宋体——Bold | 1.2.3.4.5.6.7.8.9 乘风破浪会有时，直挂云帆济沧海。 |
| 思源宋体——Heavy | 1.2.3.4.5.6.7.8.9 乘风破浪会有时，直挂云帆济沧海。 |

图5-3 思源宋体家族

■ 英文字体

相较于中文，英文字体结构更加简单，但大致可以分为衬线字体、无衬线字体、手写体和装饰体（图5-4、图5-5）。

（1）衬线字体（Serif Fonts）。衬线字体在笔画的起始、结束以及转折处，有着装饰性的小线或衬线，这些设计元素为其增添了诸多细节，使其更具优雅之感。衬线字体历史悠久，常被用于营造传统、典雅、高贵和正式的氛围。常见字体如新罗马（Times New Roman）、乔治亚（Georgia）、帕拉提诺（Palatino）等。这些字体在书籍、学术论文、商务文件等场合中广泛应用，清晰易读且具有一定的历史感。

（2）无衬线字体（Sans-Serif Fonts）。无衬线字体没有装饰性的衬线，笔画简洁明了，整体风格现代、科技感十足。它们通常被认为更加易于阅读，尤其是在屏幕显示和远距离观看时。常见字体如赫尔维提卡（Helvetica）、等线（Arial）、无衬线（Verdana）等。这些字体在网页设计、移动应用、广告海报等现代设计中占据重要地位，其简洁、现代的风格符合当代审美趋势。

（3）手写体和装饰体（Handwritten and Decorative Fonts）。手写体和装饰体字体通常具有独特的个性和风格，模仿手写或具有装饰性的图案。它们适用于需要强调创意、个性或特殊氛围的场合。常见字体如草书标准体（Brush Script）、手写体（Comic Sans MS）等。这些字体在海报、贺卡、邀请函等设计中较为常见，能够增添趣味性和独特性。

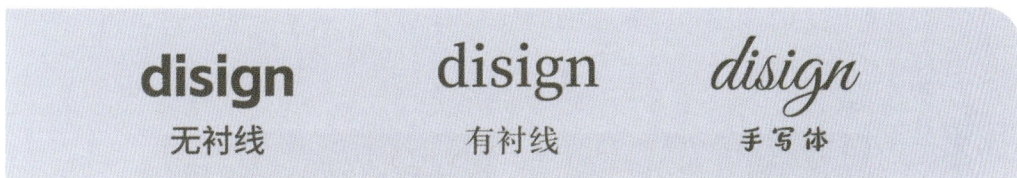

图5-4　英文字体

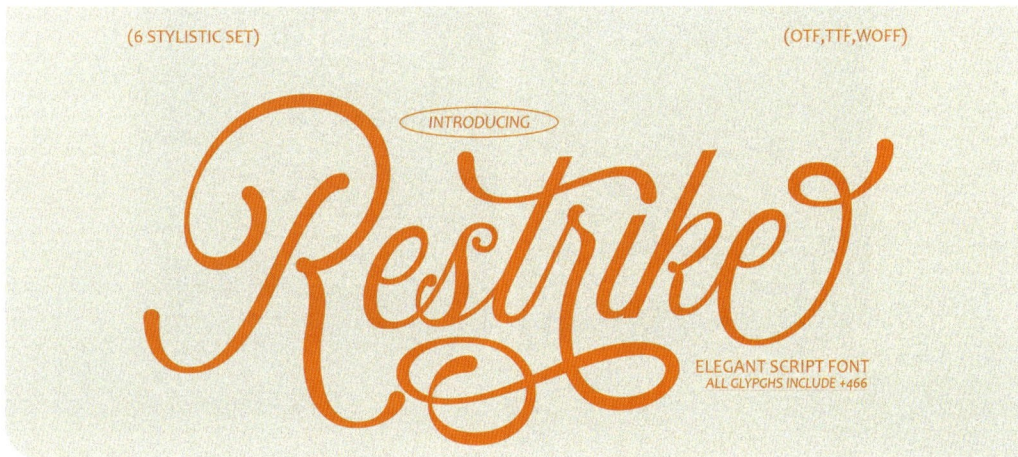

图5-5　英文装饰字体

第 5 章　版式设计中的视觉要素

## 5.1.2　文字的间距

文字的间距在版式设计中起着至关重要的作用。通过合理调整字距、行距、段距、栏距，可以创造出既美观又易读的版面效果。

### ■　字距

字距或称字间距，是指字与字之间的距离。在排版中，适当的字距可以使文字更加易读，避免过于拥挤或分散。字距不宜过密或过疏，以免在视觉上显得不协调。字距太小会使文字显得太密集，不易阅读；字距太大则会使文字显得松散，分散视线。在大多数设计排版软件中，字间距通常是默认的，但可根据需要进行调整（图5-6）。

### ■　行距

行距是指行与行之间的距离，也称为行间距。它决定了文本行之间的垂直空间。行距的设置比字间距更灵活，可以根据版面风格和阅读需求进行调整。较大的行距可以使文字呈现出线的形态，增加文本的透气性和可读性；较小的行距则会使文字更紧凑，适合某些特定的版面设计。通常，正文的行间距可以是正文字号高度的1.5倍，但并非绝对，需根据实际情况灵活调整。

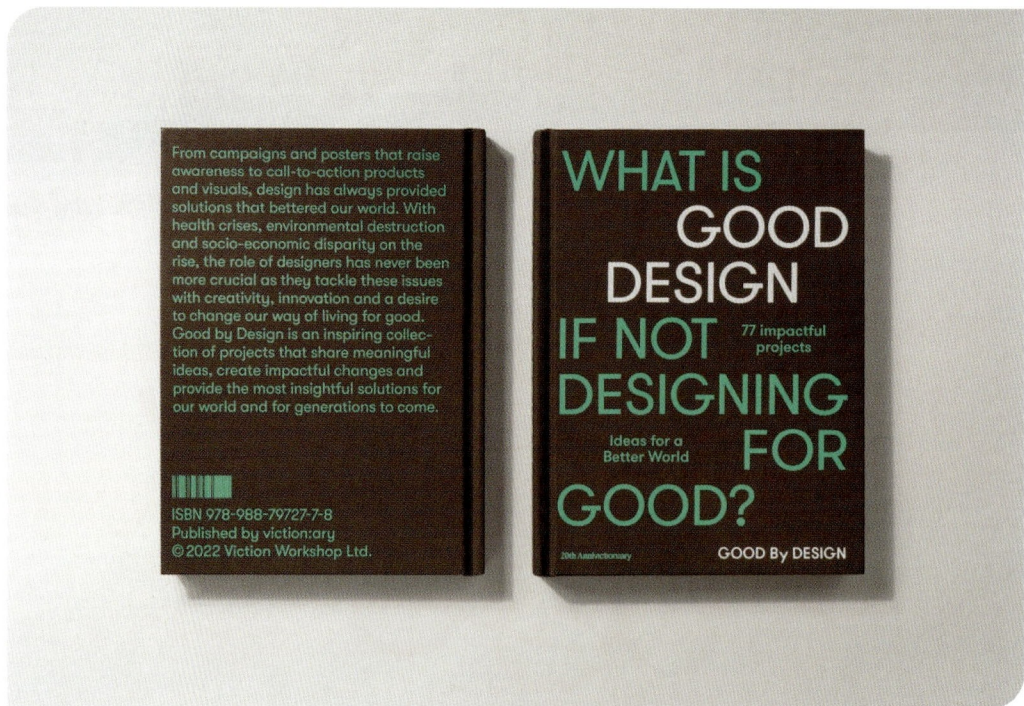

图5-6　《GOOD By DESIGN》书籍封面，Viction工作室，中国香港，2022

■ 段距

段距是指段落与段落之间的距离。它用于分隔不同的文本段落。如图5-7所示，设计师通过段距与色彩的配合，塑造了清晰的版面结构。图5-8中段间距的设置明显大于行间距，以便读者能够明确区分不同的段落，增强了版面的层次感和条理性，提高了阅读体验。

■ 栏距

栏距在版式设计中通常指的是多栏布局时，各栏之间的间距。它影响着版面的分割和视觉平衡。栏距的设置应根据版面大小、内容多少以及阅读需求来确定。

过宽的栏距可能导致版面显得空旷，过窄的栏距则可能使内容显得拥挤。在多栏布局中，合理的栏距可以引导读者的视线流动，提高阅读效率。

图5-7　密尔沃基艺术设计学院毕业展海报，Kelsey Robinson，美国，2022

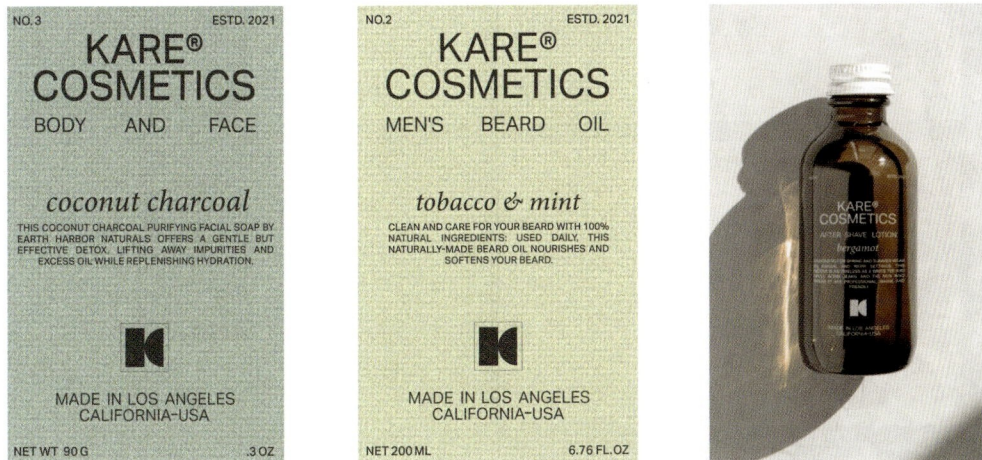

图5-8　凯芮化妆品包装设计，Thibault Savoyen，法国，2021

## 5.1.3　文字的组合

### ■　文字对齐

　　文字对齐是版式设计中至关重要的一个环节，它决定了版面中文字元素的排列方式和整体视觉效果。常见的对齐方式如下。

　　（1）左对齐。文字块的左边缘对齐，形成一条垂直的基线，使整体看起来整洁有序，符合大多数人的阅读习惯，见图5-9。

　　（2）右对齐。与左对齐相反，文字块的右边缘对齐，左边缘则参差不齐。这种对齐方式较少见，但在某些设计中能带来独特的视觉效果。

　　（3）居中对齐。文字以版面中心线为基准进行对齐，使整体看起来平衡且稳定，常用于标题、标语等需要强调的元素。

　　（4）两端对齐。文字的左右两端都尽量对齐，形成规则的矩形块面。这种对齐方式能够充分利用版面空间，使文字排列更加紧凑有序。

图5-9　《Architecture Snob》书籍装帧设计，Uniforma Studio，波兰，2022

■ 文字对比

文字对比是版式设计中强调元素差异性和突出重点的有效方法。通过对比，可以使版面中的文字信息更加引人注目（图 5-10）。接下来将详细介绍几种不同的文字对比技巧。

（1）大小对比。调整字号大小来形成对比关系，使主要信息更加突出。

（2）字体粗细对比。利用不同粗细的字体来形成对比，增强视觉冲击力。

（3）色彩对比。利用明度、纯度、色相等色彩差异来形成对比关系，增强文字的视觉冲击力。

（4）字体风格对比。使用不同风格的字体（如手写体、衬线体、无衬线体等）来形成对比，增加版面的多样性和跳跃性。

（5）空间对比。调整字体之间的空间关系来形成信息层级，如疏密对比、远近对比等。

图5-10 招贴设计，Jack Forrest，澳大利亚，2021

■ **字体重复**

字体重复是版式设计中增强整体统一感和节奏感的重要手段。通过重复某些字体元素或排列方式，可以使版面呈现出和谐统一的视觉效果。字体重复可以体现在以下几个方面。

（1）字体样式的重复。在版面中统一使用某种字体或字体风格，使文字部分呈现出统一的视觉效果。

（2）字体排列的重复。通过重复某种排列方式（如网格布局、对齐方式等）来增强版面的整体性和节奏感。

（3）字体元素的重复。在版面中反复使用某个特定的字体元素（如符号、图标等）来形成视觉上的重复效果。

字体的重复应注意适度原则，避免过度重复导致版面单调乏味（图 5-11）。

图5-11　海报设计，Pölar Studio，法国，2021

■ 字体装饰

字体装饰是版式设计中增添趣味性和艺术感的重要手段。通过适当的装饰手法，可以使字体更加生动有趣，增强版面的视觉效果（图5-12）。字体装饰包括以下几个方面。

（1）文字变形。对文字进行特殊的变形处理（如拉伸、扭曲、倾斜等），使其呈现出独特的形态和视觉效果。

（2）文字加饰。在文字上添加一些装饰元素（如线条、图案、色彩等），使其更加美观和引人注目。

（3）文字组合。将多个文字元素组合在一起形成新的图形或图案，以增强版面的整体感和趣味性。

字体装饰应注意与版面整体风格相协调，避免过度装饰导致版面杂乱无章。

图5-12　某宠物店社交媒体营销设计，Guilherme Damacena，巴西，2023

## 5.1.4 文字的调整

■ **标题的多种变化**

在阅读过程中，标题作为内容的起始点，能有效帮助读者快速抓住文章的阅读流向与整体布局。因此，标题在文本排版中的重要性不言而喻，良好的标题设计能够显著提升阅读体验和理解效率（图 5-13~ 图 5-15）。

（1）标题字体选择。标题通常使用醒目的字体，如手写体或加粗字体，以增强视觉效果和吸引力。字体选择应与整体设计风格相匹配，保持一致性。标题若与正文字体一致，可直接加粗，使层级表达更加直观。

（2）标题字号大小。标题的字号应大于正文，以突出其重要性。标题字号越大，层级划分越明显，且更大的字号，标题与正文字体的粗细对比也更强烈。根据媒介的不同，字号大小可有所调整。例如，招贴海报上的标题字号应更大，以便远距离观看。

（3）标题颜色对比。标题颜色可以选择与正文或背景形成对比的颜色，以增强可读性。加粗也是常用的手法，能使标题更加突出。

（4）标题元素辅助。利用除文字以外的其他元素（如色彩、线条、图形、材质等）来辅助标题的表达和呈现。这些元素通过与标题文字的有机结合，形成统一的视觉风格，增强标题的吸引力和感染力。标题元素辅助的运用需要考虑到整体设计的协调性和平衡性，以确保标题在视觉上既美观又易于理解。

（5）标题组合装饰。通过不同的字体、字号、颜色、排列方式等元素的巧妙结合，对标题进行视觉上的美化和强化。这种装饰不仅使标题更加醒目，还能有效传达文章的主题和情感，引导读者快速进入阅读状态。

（6）标题创意排版。有时可以采用竖排、斜排或特殊排版方式（如文字绕图）来增加标题的创意性和趣味性。

（7）标题字形设计。对标题文字进行独特造型和风格设计。通过改变字体的基本形态、结构或添加装饰性元素，使标题呈现出与众不同的视觉效果。优秀的字形设计能够增强标题的识别度和记忆点，提升整体设计的艺术感和美感。

版式设计导论

✗ 版式设计通过合理的信息分组和层级划分，使复杂的信息内容变得条理清晰、层次分明。这有助于观者快速地抓住重点信息，提高阅读的效率。同时，层次分明的版面设计也增强了整体的视觉美感和节奏感。

**标题选择醒目字体**

✓ 版式设计通过合理的信息分组和层级划分，使复杂的信息内容变得条理清晰、层次分明。这有助于观者快速地抓住重点信息，提高阅读的效率。同时，层次分明的版面设计也增强了整体的视觉美感和节奏感。

## 标题字号大于正文

✓ 版式设计通过合理的信息分组和层级划分，使复杂的信息内容变得条理清晰、层次分明。这有助于观者快速地抓住重点信息，提高阅读的效率。同时，层次分明的版面设计也增强了整体的视觉美感和节奏感。

**标题与正文（或背景）字体颜色不同**

✓ 版式设计通过合理的信息分组和层级划分，使复杂的信息内容变得条理清晰、层次分明。这有助于观者快速地抓住重点信息，提高阅读的效率。同时，层次分明的版面设计也增强了整体的视觉美感和节奏感。

**标题色块辅助**

✓ 版式设计通过合理的信息分组和层级划分，使复杂的信息内容变得条理清晰、层次分明。这有助于观者快速地抓住重点信息，提高阅读的效率。同时，层次分明的版面设计也增强了整体的视觉美感和节奏感。

**标题换行处理**
版式设计导论

✓ 版式设计通过合理的信息分组和层级划分，使复杂的信息内容变得条理清晰、层次分明。这有助于观者快速地抓住重点信息，提高阅读的效率。同时，层次分明的版面设计也增强了整体的视觉美感和节奏感。

图5-13 标题字体排版示范1

## 版式设计导论

✅ 版式设计通过合理的信息分组和层级划分，使复杂的信息内容变得条理清晰、层次分明。这有助于观者快速地抓住重点信息，提高阅读的效率。同时，层次分明的版面设计也增强了整体的视觉美感和节奏感。

## 标题线条辅助

✅ 版式设计通过合理的信息分组和层级划分，使复杂的信息内容变得条理清晰、层次分明。这有助于观者快速地抓住重点信息，提高阅读的效率。同时，层次分明的版面设计也增强了整体的视觉美感和节奏感。

## 版式设计
**标题组合装饰排版**
Layout Design
Composition and Decoration

✅ 版式设计通过合理的信息分组和层级划分，使复杂的信息内容变得条理清晰、层次分明。这有助于观者快速地抓住重点信息，提高阅读的效率。同时，层次分明的版面设计也增强了整体的视觉美感和节奏感。

## 标题创意排版

✅ 版式设计通过合理的信息分组和层级划分，使复杂的信息内容变得条理清晰、层次分明。这有助于观者快速地抓住重点信息，提高阅读的效率。同时，层次分明的版面设计也增强了整体的视觉美感和节奏感。

## 标题字体创意处理

✅ 版式设计通过合理的信息分组和层级划分，使复杂的信息内容变得条理清晰、层次分明。这有助于观者快速地抓住重点信息，提高阅读的效率。同时，层次分明的版面设计也增强了整体的视觉美感和节奏感。

## 🍂 标题辅助图形

✅ 版式设计通过合理的信息分组和层级划分，使复杂的信息内容变得条理清晰、层次分明。这有助于观者快速地抓住重点信息，提高阅读的效率。同时，层次分明的版面设计也增强了整体的视觉美感和节奏感。

图5-14　标题字体排版示范2

PART1
淡看流年·时光交响曲

秋天，愿时光更明媚

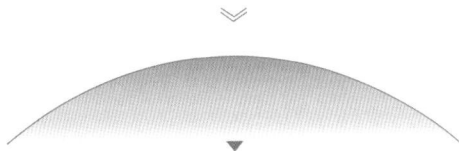

时光交响曲
淡看流年

SHI GUANG
时光交响曲
02.12-05.15

淡看流年 时光交响曲
时光交响曲

时 NIAN HUA ZHUAN SHUN 光 忆流年
漫步岁月长河

时光交响曲,回忆
成长故事

时光如诗 · 岁月如画
时光·岁月

年华转瞬,唯有青春不曾辜负

TIME
时光交响曲
岁——月

PART1
12.09时光交响曲

时光如诗 · 岁月如画

NIANHUA-ZHUANSHUN
年华转瞬 唯有青春不曾辜负

年华转瞬
nianhua-zhuanshun

图5-15 标题排版案例

■ **正文排版技巧**

（1）正文字体选择。正文应使用易读性好的字体，如宋体、黑体或微软雅黑等。同时，更换字体也是正文排版中常用技巧。在大段文字中，对于需要强调的文本内容可以通过更换其他醒目字体，或利用字号、字距、字形的不同突出内容，形成具有强调性的版面。避免使用过于花哨或难以辨认的字体。

（2）字号大小。正文字号应适中，以便读者轻松阅读。一般来说，正文字号在 10~14pt 之间较为合适。根据媒介的不同，字号大小可适当调整。

（3）字距与行距。字距应保持适中，避免过紧或过松。行距则应根据字号大小进行调整，一般建议为字号大小的 1.4~2.0 倍。过小的行距会造成视觉混乱，过大的行距则会影响阅读速度。

（4）段落格式。每个段落之间应保持适当的间距（段间距），以便区分不同的内容。段首空两格或加入提示符也是常用的段落区分方式。

（5）对齐方式。正文的对齐方式一般选择两端对齐或左对齐。两端对齐能使版面更加整齐有序，但需注意避免出现"字河"现象（即行尾出现大片空白）。

（6）正文的灰度值对比。字体灰度不仅指对版面黑白灰的调整，还包括字体笔画粗细的微妙变化。在常规设计实践中，灰度值对比往往较保守，因为灰度值对比过大会使版面失衡。出于信息层级的考量，标题与正文间的灰度值对比一般较大，以确保阅读时的清晰区分与流畅性。

（7）正文的阅读节奏。阅读节奏是引导读者顺畅浏览文本的重要元素。通过合理安排段落长度、句子结构及标点符号，可以营造出快慢相宜的阅读节奏，既能让读者轻松跟随作者的思路，又能保持阅读的连贯性和兴趣，增强文本的吸引力。

（8）正文中孤行与单字。在正文排版时容易出现孤行或单字的情况。孤行，即段落中的某一部分（尤其是最后一行）被单独置于另一页面，或是与文段在视觉上形成明显隔离；单字，指文段中的最后一行只有一个中文字或英文单词。这种做法通常被视为不符合排版规范，即"单字不成行"的原则。因此，孤行和单字的情况都要尽量避免（图 5-16）。

图5-16 《2022未来资源年度报告》内页设计，James Round，英国，2022

## 5.1.5　文字的艺术化处理

　　文字是版式设计中最重要的视觉要素之一，具有比其他视觉要素信息传达明确、易于辨识的优点。然而，现代的视觉艺术中，文字早已不单单只是一种传递信息的符号，设计师通常将文字通过专业图形处理软件进行艺术表现，使之图形化，如图 5-17 所示。因此，在版式设计中，字体的设计既要考虑文字在版面中信息传递的功能，也要考虑将文字进行艺术化处理，达到一定的艺术美学效果（图 5-18）。

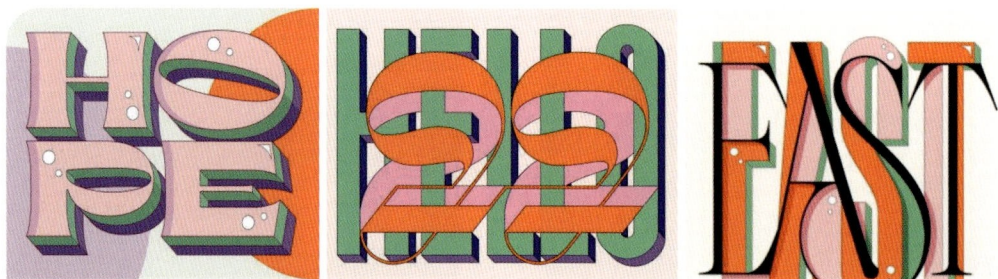

图5-17　字体设计，Kissmiklos．匈牙利 2023

图5-18　Design Zoo主视觉设计，Maum Studio，韩国，2024

## 5.2 图片

随着现代数媒技术的不断发展，越来越多的高清图片在版面中大幅使用，人们也更倾向浏览有精美图片的版面。作为版式设计的三大视觉要素之一，图片能极大地丰富、美化版面。

### 5.2.1 图片的呈现

■ 原图呈现

原图呈现，即直接将未经繁复处理的原始图片嵌入版面布局之中，不需要做太多的处理，只需要图片的内容恰当、适合，是一种简约而高效的排版手法。此方法常见于摄影作品集、纪念相册等出版物中（图5-19）。

图5-19　Babina Leta包装设计，Fabula Branding，美国，2018

设计师将收获马铃薯的女性的摄影图片用于产品包装，原汁原味地展现图像的魅力，让观者能直接感受到每一帧画面的原始情感与细节之美。

■ 图片满版呈现

满版呈现，即将图片、文案或设计元素等布满整个版面，从而营造出丰富的画面效果，让观者产生强烈的代入感和视觉冲击力。满版呈现要求清晰的高分辨率图片，同时注意文字与图片的搭配，避免文字过多导致版面拥挤。

图 5-20 为设计师 Joseph Cacais Cortes 创作的广告设计作品，将图片铺满版面，营造出身临其境的场景感。画面丰富协调，版面内容饱满。

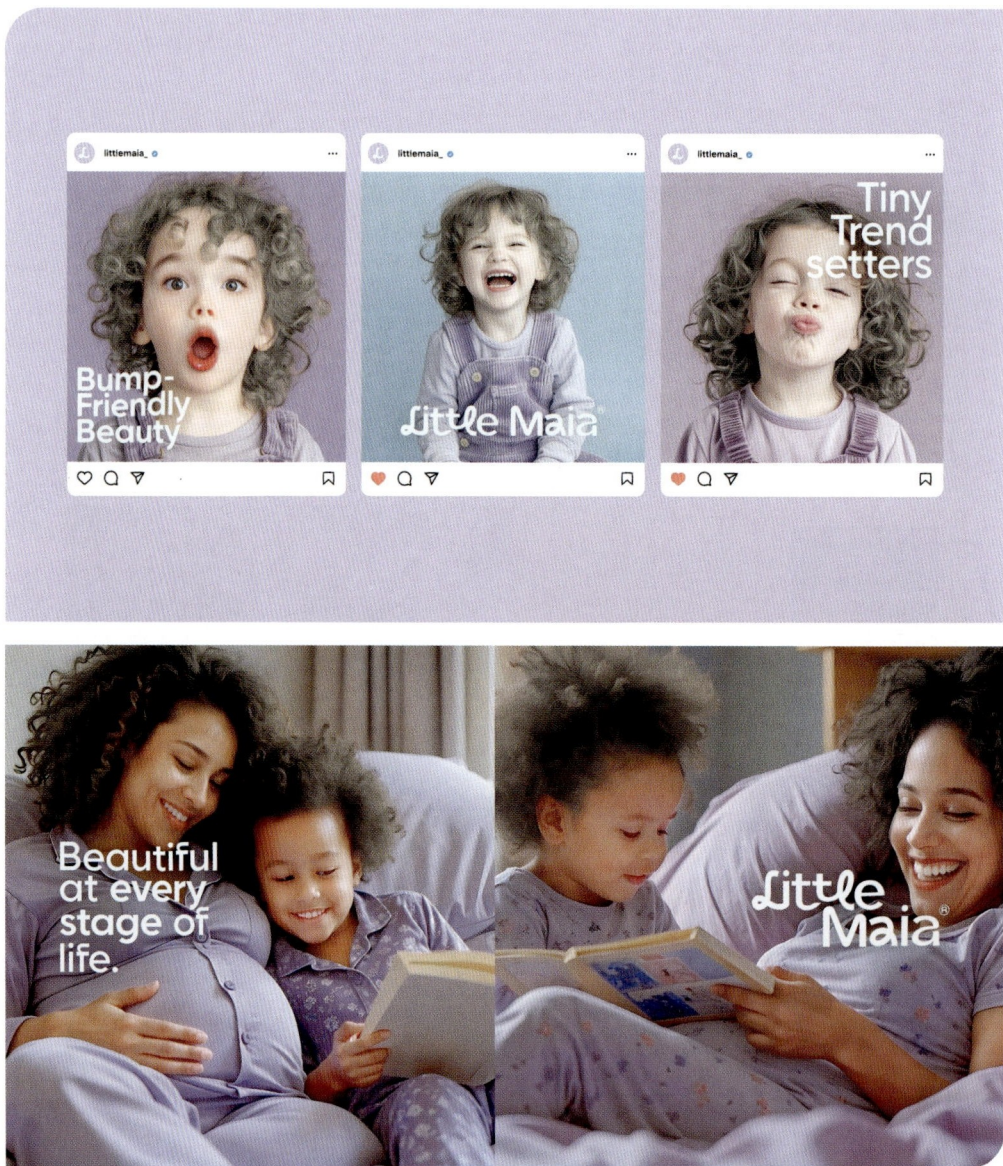

图5-20　Little Maia Branding广告设计，Joseph Cacais Cortes，澳大利亚，2024

■ 图片主体聚焦呈现

图片主体聚焦呈现，即通过图片处理将观者的视线引导至某一主体元素上，形成视觉焦点，突出主题，使图片中的主体视觉元素成为版面的核心和灵魂，如图 5-21 所示。

主体聚焦的呈现方式建立在版面信息传达的基础上，一般以主体目标为版面重心，将图片的主体放大，还可通过色彩、形状、放大、虚化背景等设计技巧来塑造版面视觉中心，引导观者的视线，使观者在浏览版面时能够迅速捕捉到重要信息。注意，聚焦点要明确且唯一，避免多个焦点导致视线分散，并需保持版面整体的协调性和平衡感。

图5-21　EBC A+ 亚马逊产品详情页设计，Md Tayebur Rahman，孟加拉国，2024

■ **不规则留白**

在设计中，有时可以特意保留非规则形状或分布不均的空白区域。与常规、规则的留白相比，不规则留白打破了传统的平衡和对称，创造出一种动态、活泼或神秘的视觉效果。这种留白方式可以吸引观众的注意力，引导他们以非线性的方式探索设计内容。

如图 5-22 所示，设计师采用英文字母、人物头部轮廓、山与建筑边缘等作为留白切割线，让整个画面看起来更加生动活泼，增添了整个版式的趣味性。

■ **对称留白**

在版面设计中，以某个中心点或轴线为基准，左右或上下两侧的留白区域在形状、大小或排列上呈现出一种镜像效果，即相互对应且平衡。这种留白方式能够给人一种简洁明了、有序的视觉体验，符合人们的审美习惯。对称留白可以使整体版面看起来稳定和谐，避免头重脚轻或左重右轻的视觉失衡现象。

图5-22　不规则留白的版面设计

## ■ 扩大留白

扩大留白指在版面设计中，故意增加留白区域的面积或比例，使留白成为版面中的重要组成部分。这种留白方式能够给人一种开阔、通透、轻松的视觉感受，亦可以减轻读者的阅读压力，使他们在阅读过程中感到更加舒适和愉悦。

图 5-23 是一本英国的行业报告手册。在整个排版设计中，设计师非常注重画面的留白率，通过扩大留白使图文信息更加清晰明了，在提升阅读效率的同时也给读者带来轻松、舒适的阅读体验。

图5-23　英国行业报告手册内页设计，James Round，英国，2023

## 5.2.2　图片的剪裁

图片的剪裁利用是一个至关重要的环节。一张图片经过裁剪后，可以产生多个不同的视角和构图，为版面提供更多的素材和元素，使内容更加丰富多彩。通过裁剪和编排图片，也可以更加清晰地展示图片中的关键信息和细节，使信息传递更加准确和高效。

### ■　剪裁技巧

（1）基础剪裁。这是最常见的剪裁方式，适用于大多数图片。剪裁图片的边缘部分，使主体更加突出，或调整图片的长宽比，使其更加符合版面布局或审美标准。

（2）抠图。抠图指将图像中的特定部分（如人物、产品、标志等）从背景中分离出来，然后自由地放置在新背景或与其他元素组合，以实现更好的视觉效果和布局（图 5-24）。

图5-24　Dwell-Fitness 用户界面设计，Fahema Yesmin，孟加拉国，2024

（3）几何剪裁。使用三角形、圆形、多边形等几何形状对图片进行剪裁，可以得到新颖独特的视觉效果（图 5-25）。

（4）异形剪裁。根据图片的内容和特点，剪裁成无规律、复杂多变的不规则形状。这种剪裁方式能够增强版面的趣味性和艺术性，但需要注意保持整体的协调性和平衡感。

（5）一变多剪裁。这种剪裁方式是将一张原始图片通过不同的裁剪方式，切割成多个具有不同构图和焦点的图片片段，并在版式中重新组合和排列这些片段，以达到丰富版面内容、主图与配图连贯、消除配图与主图色差等问题的目的。

图5-25 某品牌包装设计，Yido Lab，英国，2022

■ **剪裁的作用**

（1）突出主体。通过剪裁去除图片中多余的元素，使主体更加突出，从而增强图片的视觉冲击力和吸引力。

（2）优化构图。剪裁可以调整图片的构图，使其更加符合审美标准或设计需求，提升版面的整体美感。

（3）传递信息。剪裁可以去除与主题无关的元素，使图片信息更加明确和集中，有利于信息的传递和接收。

图5-26是俄罗斯设计师 Varvara Maslova 创作的一款网球学院网站设计。在该作品中，设计师通过椭圆形或将圆形和正方形组合等来裁切图片，使主体信息更加生动突出，同时减少无关信息的干扰，不仅增强了画面的吸引力和美感，同时也让观者可以更有效地接收信息。

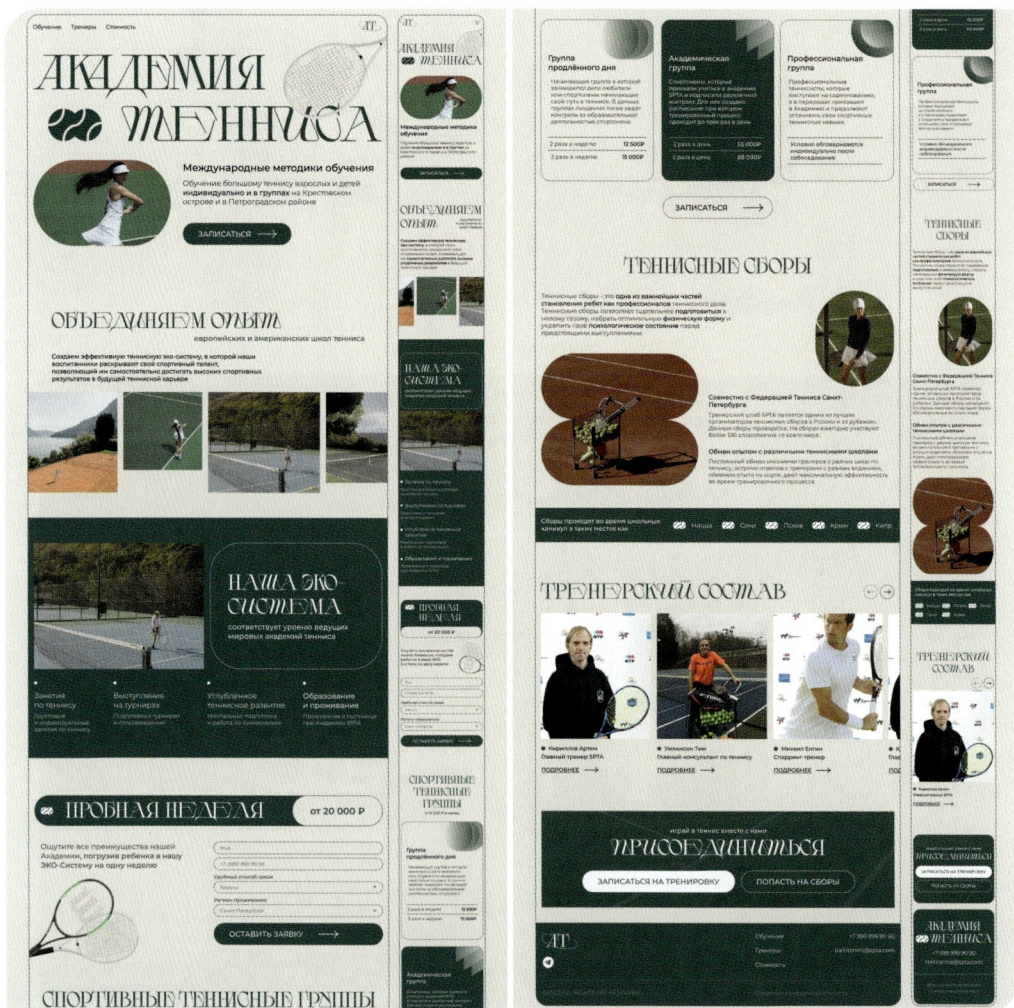

图5-26　网球学院网站设计，Varvara Maslova，俄罗斯，2024

■ 剪裁效果评估

在完成图片的剪裁后，对剪裁效果进行全面而细致的评估是至关重要的。这包括检查主体是否更加鲜明地呈现在画面中，构图是否达到了预期的审美效果或设计需求，以及图片信息是否得到了有效的传递和突出。同时，还需关注剪裁后图片的平衡感、层次感以及整体视觉效果。通过客观的评估，可以确保剪裁工作达到理想效果，能够满足创作或设计的需求（图5-27）。

图5-27　房地产营销设计，Gustavo Riente，巴西，2024

　　在这个版面中，设计师对图片色调进行了统一调整，使由多幅图片组成的画面变得和谐。利用几何图形色块与图片组合，进一步增强视觉冲击力与层次感，让整体版面既统一又不失活泼，引导观众视线流畅穿梭于各个元素之间。

## 5.2.3　图片的肌理

　　肌理，又称质感，由于物体的材料不同，表面的排列、组织、构造等不同，因而产生粗糙感、光滑感、软硬感不同。不同的肌理会使人产生不同的心理感受。图片的肌理一般通过两种方式来打造：一是通过图像处理软件对图片进行美化与装饰；二是利用物象材质的独特性状，如液态金属、玻璃、铝箔塑料等，强化图片的肌理感（图5-28）。

图5-28　香水产品包装设计，Fabula Branding，美国

　　该香水包装设计中的图片素材采用了花瓣的肌理，增强了设计的真实感和立体感，使消费者对产品的真实性和质地有了更直观的感受，提升了设计的品质，同时也增强了消费者对产品的信任。

## 5.3 色彩

### 5.3.1 色彩模式与专色

■ 色彩模式

常见的色彩模式主要有 RGB、CMYK、HSB(图 5-29),每种模式都有特定的应用场景和特点。

(1) RGB 色彩模式。RGB 色彩模式是工业界的一种颜色标准,通过红、绿、蓝三个颜色通道的变化以及它们相互之间的叠加来得到各式各样的颜色。它是一种光学意义上的色彩模式,所有色彩由光的三原色组成,因此 RGB 色彩模式通常不用于印刷,而是广泛用于视频、网络、电子媒体展示等领域。

(2) CMYK 色彩模式。CMYK 色彩模式又称印刷色彩模式,主要用于印刷领域。由四色油墨的混合形成其他颜色,即 Cyan(青色)、Magenta(品红)、Yellow(黄色)和 Black(黑色)。与 RGB 的加法混合相反,CMYK 是一种减色模式,颜色混合后的数值越大颜色越暗,数值越小颜色越亮。但值得注意的是,CMYK 色彩模式目前还无法通过高纯度的油墨得到高纯度的黑色,并不能够打印出用 RGB 光线创建出来的所有颜色。

(3) HSB 色彩模式。HSB 色彩模式是一种从视觉角度定义的颜色模式,它由三个基本属性组成:色相(Hue)、饱和度(Saturation)和亮度(Brightness)。色相(H)是色彩的基本属性,即颜色的名称,如红色、黄色等。饱和度(S)是指色彩的纯度,饱和度越高色彩越纯,低则逐渐变灰。亮度(B)是颜色的相对明暗程度,它决定了色彩给人的明亮感受。

■ 专色

专色在印刷中指的是使用特定的油墨,而不是 CMYK 四色合成的颜色。CMYK 色彩模式的色域相对较小,有些鲜艳、饱和度高或特殊色调的颜色无法通过 CMYK 四色的组合准确再现。此时,使用专色可以扩展色域,呈现更丰富、准确的颜色。当整个印刷品中只有一种或少数几种颜色需要强调时,也可使用专色确保这些颜色的准确性和一致性。

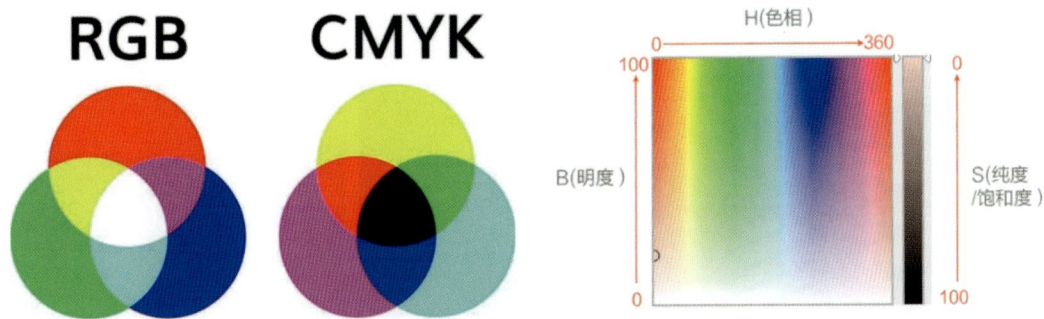

图5-29　RGB色彩模式图、CMYK色彩模式图和HSB色彩模式图

## 5.3.2 色彩的情感

色彩不仅具有物理属性，还具有丰富的心理属性。不同的色彩能够引发人们不同的心理感受和情感反应（图 5-30）。

### ■ 色彩的情感表达

不同的色彩搭配可以表达出不同的情感，暖色（如红、橙、黄）能够引发人们温暖、热情、兴奋等感受，冷色（如蓝、绿、紫）则能够引发人们冷静、沉思、安宁等感受。此外，特定的颜色也具有独特的符号意义，如红色可以代表热情、爱情，蓝色可以代表宁静、专业，绿色可以代表和平、健康等。

### ■ 色彩的心理暗示

色彩还能够引发人们的心理暗示，如明亮的色彩可以让人感到空间开阔、心情舒畅，暗淡的色彩则可能让人感到压抑、沉闷。

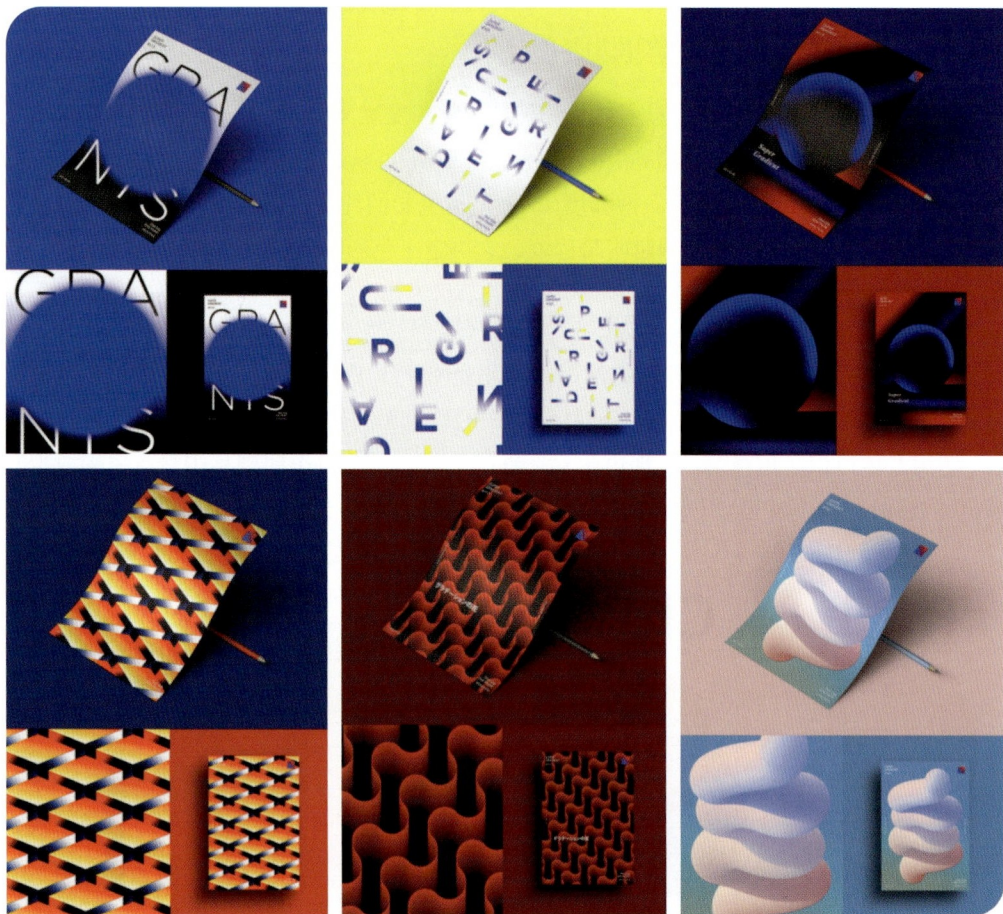

图5-30　不同色调的色彩元素

■ 对比色搭配

对比色搭配是指使用色相环上相对的颜色进行搭配。这种搭配方式能够产生强烈的色彩对比效果，吸引观者的注意力。在海报设计或广告设计中，对比色搭配常用于突出主题和强调重点信息。

■ 互补色搭配

互补色搭配是对比色搭配的一种特殊形式，它使用色相环上完全相对的颜色进行搭配（如红与绿、蓝与橙）。这种搭配方式能够产生最为强烈的色彩对比效果，但也需要谨慎使用以避免过于刺眼。在需要产生强烈视觉冲击力的设计如运动品牌广告或游戏海报中，常采用互补色搭配（图 5-31）。

图5-31  某品牌包装设计，Fabula Branding，美国，2022

■ **色彩面积对比**

色彩面积对比是指通过调整不同色彩在版面上的面积比例来实现色彩的平衡和和谐。主色调通常占据较大的面积以形成整体氛围；辅助色或点缀色则占据较小面积以增强设计的层次感。例如在杂志内页设计中，通过合理安排文字、图片和背景色的面积比例来营造舒适的阅读体验。

■ **色彩明度与纯度对比**

除了色相之外，色彩的明度和纯度也是影响色彩搭配效果的重要因素。调整色彩的明度和纯度可以产生丰富的色彩层次和变化效果（图5-32）。例如在产品设计或包装设计中，可以通过调整色彩的明度和纯度来突出产品的质感和特点。

图5-32 Com4茶包装设计，Sumon Hossain，孟加拉国，2025

### 5.3.3 色彩搭配的基本原则

■ **色彩和谐**

色彩搭配应追求视觉平衡、和谐统一，避免过于杂乱无章。色彩搭配中，需要注意色彩之间的对比与平衡，通过对比来增强视觉冲击力，通过平衡来保持整体和谐。可以通过调整色彩的色相、明度、纯度、面积、位置、形状等方式来实现对比与平衡的协调。

■ **主题明确**

色彩搭配需要围绕设计主题进行，通过色彩来传达设计理念和情感，避免出现色彩与主题相悖或无法突出主题的情况。在设计中，需要明确主色调和辅助色，通过色彩面积、明度、纯度的对比来突出设计重点。主色调通常占据较大面积，用于营造整体氛围；辅助色则用于点缀和衬托，增强设计的层次感。

■ **情感传达**

色彩具有情感属性，不同的色彩搭配能够传达出不同的情感氛围。例如，暖色调给人以温暖、亲切的感觉，适合表现食品、家居等主题；冷色调给人以冷静、理性的感觉，适合表现科技、医疗等主题。

■ **可读性**

在版式设计中，需要确保文字的可读性，避免使用与文字颜色相近或过于复杂的背景色彩，以免影响文字的清晰度和辨识度。

■ **色彩数量**

色彩搭配时不宜使用过多颜色，以免造成视觉混乱。一般来说，一个设计作品中使用的色彩数量控制在 3~5 种为宜。

■ **对比与强调**

利用色彩对比来突出设计中的关键信息或元素。通过明度、纯度、冷暖色调等对比手法，使重要内容在视觉上更加突出，吸引观众的注意力。

■ **渐变与融合**

色彩渐变可以创造出柔和、流畅的视觉效果，增强设计的层次感。在需要表达过渡或连续性的地方，可以使用色彩渐变来融合不同色彩，使设计更加和谐统一。

■ **文化与象征意义**

考虑色彩在不同文化中的象征意义，避免使用可能引起误解或负面联想的色彩。了解目标受众的文化背景，选择符合其审美和价值观的色彩搭配。

## 5.4 专题拓展：常见版式构图与视觉元素的混合运用

对于初学者而言，首要任务是掌握如何利用构图将版面布置得整洁有序。在此基础上，再巧妙地融入变化元素，努力探索如何让版面既美观又吸引人。

### ■ 上下构图

上下构图是将文字或图上下排版。画面中设计元素和文字信息呈现上下分布趋势。主空间承载视觉点，次空间承载阅读信息，视觉效果平衡稳定（图 5-33）。

### ■ 居中构图

居中构图是将主体放置在画面的正中央，从而直观地突出主体，使画面稳定且具有规律性。版面主要元素或信息放在中间，容易产生视觉聚焦，其他信息围绕主体包围布局。版面整体效果重心主要在中间，整体效果比较有视觉冲击力。

图5-33  AHMED TEA包装设计，Ramy Rashed，埃及，2024

## ■ 四角构图

四角构图是将文字对称四边压角，不仅版面严谨有序、对称平衡且充满视觉张力，还能引导视线流转，增强阅读体验，同时其结构清晰，便于信息传达与记忆。四角构图常与中心构图结合，共同打造视觉焦点（图5-34）。

图5-34　Bohemia Whiskey包装设计，Rafael Maia，葡萄牙，2020

■ 对角构图

对角构图是将文字或图对角排版。将主要信息或主要元素放在对角处，次要信息放在另一边对角处，版面对称平衡，且有视觉张力。对角构图一般会结合中心构图呈现，产生斜角视觉焦点。

■ 打破框架构图

打破框架构图是指突破传统的网格结构或排版规则，通过创新的布局和元素排列方式形成独特的视觉效果。这种排版方式能够打破常规，给人带来新鲜感和惊喜感，适用于需要展现创意和个性的设计项目，如艺术展览、创意广告等（图5-35）。

图5-35　嘉德国际艺术图书展主视觉，Mint Design工作室，北京，2024

■ 左右构图

左右构图是将文字或图左右排版。左右结构布局，画面中设计元素和文字信息以左右分割趋势布局，主体承载视觉焦点，次空间承载信息阅读，视觉效果平衡稳定（图 5–36）。

■ 曲线构图

曲线构图是将文字或图形以曲线 S 形贯穿。适合元素较多的版式设计。将主体元素贯穿曲线排版，版面更加灵动自由，是常见的排版手法。

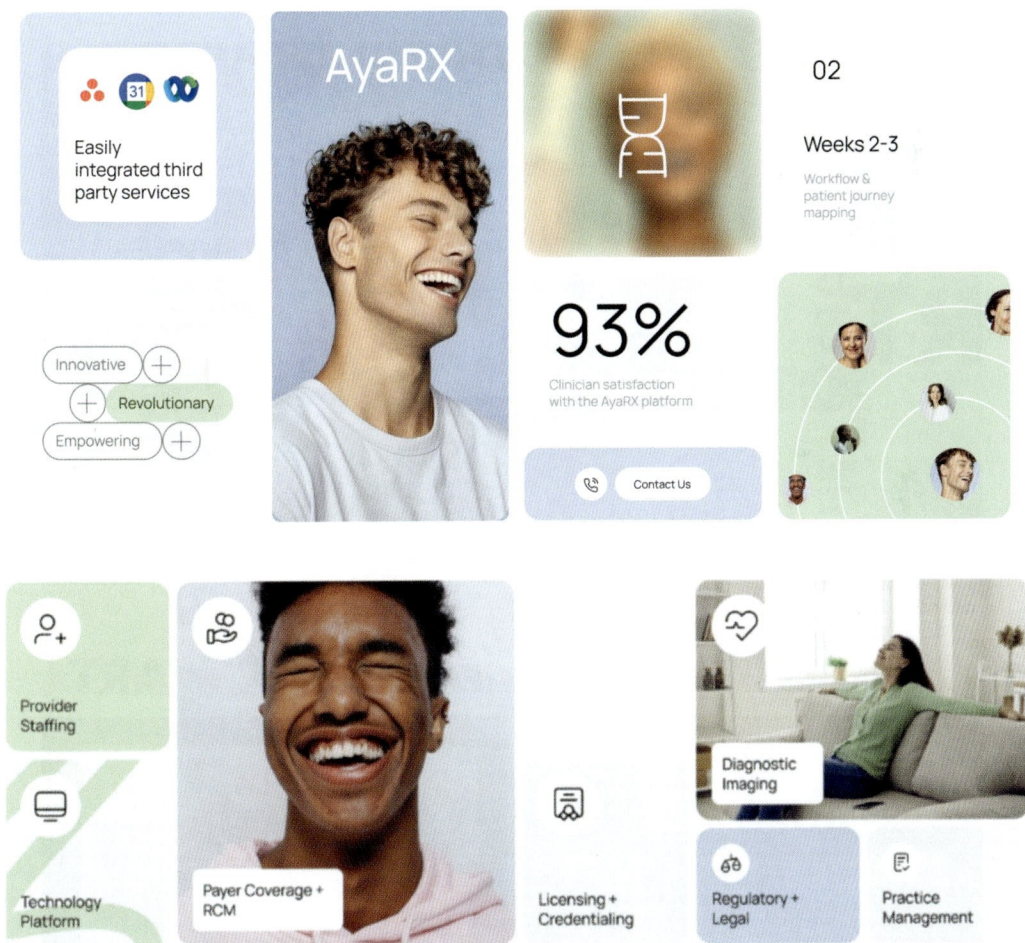

图5–36　远程医疗品牌网页设计，Linur Chubaev等，阿尔巴尼亚共和国，2024

该网页设计通过不同的色块将版面分割为多个大小不同的区域，且注重块面的对比与均衡，然后将文字信息和图片置入各个块面中，有效地解决了信息杂乱的问题。

■ 对称构图

对称构图是指版面以某个点、直线或平面为中心，左右或上下两侧在排列、大小、形状等方面一一对应，呈现出镜像效果。这种排版方式能够给人稳定、平衡、和谐的感觉，适用于需要营造稳定、平衡氛围的设计项目，如海报、宣传册等。

■ 散点构图

散点构图是指版面中的元素按照一定的规律或自由散乱地分布在各个位置，形成一种轻松、随意的视觉效果。这种排版方式能够打破传统的排版规则，增加版面的趣味性和灵活性，适用于需要营造轻松、随意氛围的设计项目，如休闲类杂志、网站页面等（图5-37）。

图5-37　《另一个博览会》宣传册设计，Universal Favourite工作室，澳大利亚，2022

■ 包围式构图

　　包围式构图指图片或者主体位于版式中心，四周布满文字信息（图 5-38）。这种构图形式比较饱满，信息也比较多，能将人的视线引到视觉中心，突出主体物。

图5-38　Tribu Festival主视觉设计，Clara Briones Vedia等，西班牙，2022

# 5.5 思考练习

## ■ 思考内容

1. 分析并比较不同字体在版式设计中的视觉效果与情感传达

要求：分析每种字体在传达不同情感（如正式、亲切、活泼、科技感等）时的优势和局限性。

2. 探讨色彩搭配在版式设计中的重要性及其实践策略

要求：列举并解释至少三种色彩搭配法则（如对比色、邻近色、三色搭配等），结合一个实际案例（如品牌设计、海报设计、网页设计等），分析该案例中色彩搭配的成功之处及可能的改进空间。

## ■ 练习内容

版式构图与设计元素编排在展览设计中的应用

目标：深入理解和熟练掌握版式构图和设计元素在视觉传达中的应用。能够独立完成从概念构思到最终电子稿提交的整个展览展板设计流程，展现出对版式构图和设计元素的精准把握。

主题选择：选择一个与你的兴趣、课程或展览主题相关的内容，如艺术展览、科技展示、历史回顾、企业文化展示等，作为展览展板的设计主题。

技术规格：展板尺寸，根据展览场地或展示内容需求确定，可以横版或竖版；分辨率，不低于300dpi，以确保在电子屏幕上显示的清晰度；色彩模式，选择RGB色彩模式，以适应电子显示需求，确保颜色在屏幕上的准确性。

提交内容：完整清晰的展板设计PDF文件，附上一份简短的设计说明文档，阐述设计思路、主题表达以及版式构图和设计元素的具体应用情况。

# 版式设计的实战应用

## 第 6 章

**内容关键词**

应用范围　应用及案例解析　AIGC 的创新应用

**学习目标**

解锁版式设计的应用范围
了解不同媒介版式设计的应用原理
掌握如何利用版式设计优化方案

## 6.1　传统媒介中的应用及案例解析

版式设计的应用范围广泛，涉及海报设计、手机开屏页设计、横幅设计、网页设计、品牌设计、画册书籍等多个领域。因此，版式设计课程不仅要求学生掌握理论知识，更重要的是将这些知识应用于实践中。本章中的案例解析涵盖大多数版式设计领域，且以真实的设计项目为背景，通过对案例所涉关键知识点的讲解，使读者建立起将抽象的设计原理转化为具体操作技能的认知，为今后的版式设计实践提供有益的借鉴和启示。

### 6.1.1　案例 1：报纸刊物

#### ■　技巧 1：网格系统

从图 6-1 中的案例可以看出，报纸的版面设计采用了清晰的网格系统来规划整体布局。同时使用的分块网格及分栏网格，将页面有序地划分成多个区域。尽管未直接展示网格线，但通过一定的栏距和段距形成的隐形线条，将内容分割成若干个矩形模块，具有很明显的模块式特征，使得内容组织有序，层次分明，便于读者快速捕捉信息。

#### ■　技巧 2：文字编排

在图 6-1 中的案例中，标题位于页面顶部，字体大且醒目，成为整个版面的视觉中心，引导读者首先关注到文章的主题。紧接着是副标题或相关说明文字，进一步阐述主题。部分标题还利用色彩对比、色块、组合等技巧使标题突出。正文部分则按照一定的逻辑顺序分布在左右两个区域内，每个编号对应的文字块可能代表不同的章节或信息点，便于读者逐步深入了解。

#### ■　技巧 3：不规则留白

报刊中的部分页面，利用不规则留白来打破报刊中规则的布局方式，为版面创造出更多的空间感和层次感，打破报刊版面的刻板印象。一方面，不规则留白具有强烈的视觉冲击力，呈现不规则或者满版式的版面风格，更符合现代人的审美需求，这种空间感使得版面看起来更加通透、疏朗；另一方面，在阅读过程中，适当的留白能够缓解读者的视觉疲劳。不规则留白通过其变化多端的形态和分布方式，为读者的眼睛提供了更多的休息空间，使得阅读过程更加轻松愉快。

图6-1 校园杂志内页设计，Renáta Farkas，匈牙利，2021

## 6.1.2　案例 2：企业画册

下面通过页面解析来分析图 6-2 中的案例。

（1）封面：层级与焦点突出。使用图片放大呈现的方法，既不破坏版面结构，又可以让图片主体处于视觉中心位置，起到一定的聚焦作用。利用字体大小的不同来构建视觉层级，使"Hike"这一主题成为绝对的视觉焦点。大号黑色字体位于封面上方中央，不仅确保了可读性，还迅速吸引了观者的注意力。

（2）目录：标题增强对比。标题"Contents"利用图片的深色背景进行字体反白，并对字体下方进行了切割修饰，具有强烈的视觉冲击力。二级标题通过字体加粗、放大、组合，增强与正文的对比，突出标题内容。这些都是对排版标题非常巧妙的处理方式。

（3）内页：图片分割与留白。插入图片将版面分割为大小不同的区域，版面分割需要注重比例和位置的划分，因此这两个内页分别用到了左右分割和黄金分割，并将文字分别安置在合适的位置，从而保持了视觉平衡和美观。同时巧妙地运用留白技巧，即在文字和图像周围保留足够的空白区域，增添了优雅和高端的感觉。

此外对比两个内页可知，设计手法和风格几乎一致，相似的版式和颜色，保持了版面在视觉上的连贯性。也就是说，在进行同一类型画册设计时，可以采用同样的设计方法。

图6-2　《*HIKE*》画册设计，Ilya Lozgachev，俄罗斯，2022

## 6.1.3　案例 3：时尚杂志

时尚杂志有着独特的视觉风格和艺术魅力，排版时需要遵循其行业特性。下面以图 6-3 中的案例为例进行解析。

（1）图片运用。时尚杂志极其重视图片的功能，通过高质量的图片来刺激读者的阅读兴趣。这些图片不仅美观，而且常常具有内在联系，共同表达一个明确的内容主题。

（2）色彩与字体。在字体选择上偏好使用衬线字体，打造出时尚、潮流、经典等视觉氛围。人物摄影图片在颜色上也往往采用简约和亮丽的色系。

（3）对比和留白。对比和留白是时尚杂志排版中常用的技巧。对比可以增强版面的视觉效果；留白可以使版面更加透气、宽松，给读者留下更多的想象空间。

（4）三维特效的结合。在现代科技的大背景下，时尚类杂志开始运用艺术手法创造具有立体感的艺术空间。通过立体、透视、阴影等三维手法，使画面呈现出立体感与空间感，创造出更加丰富的视觉体验。

（5）跨页大图。一些时尚杂志还采用跨页大图的方式来展现重要内容。这种排版方式具有极强的视觉冲击力，能够迅速吸引读者的眼球。同时，通过少量留白和简短文字的描述，使得内容的展现更加直观和生动。

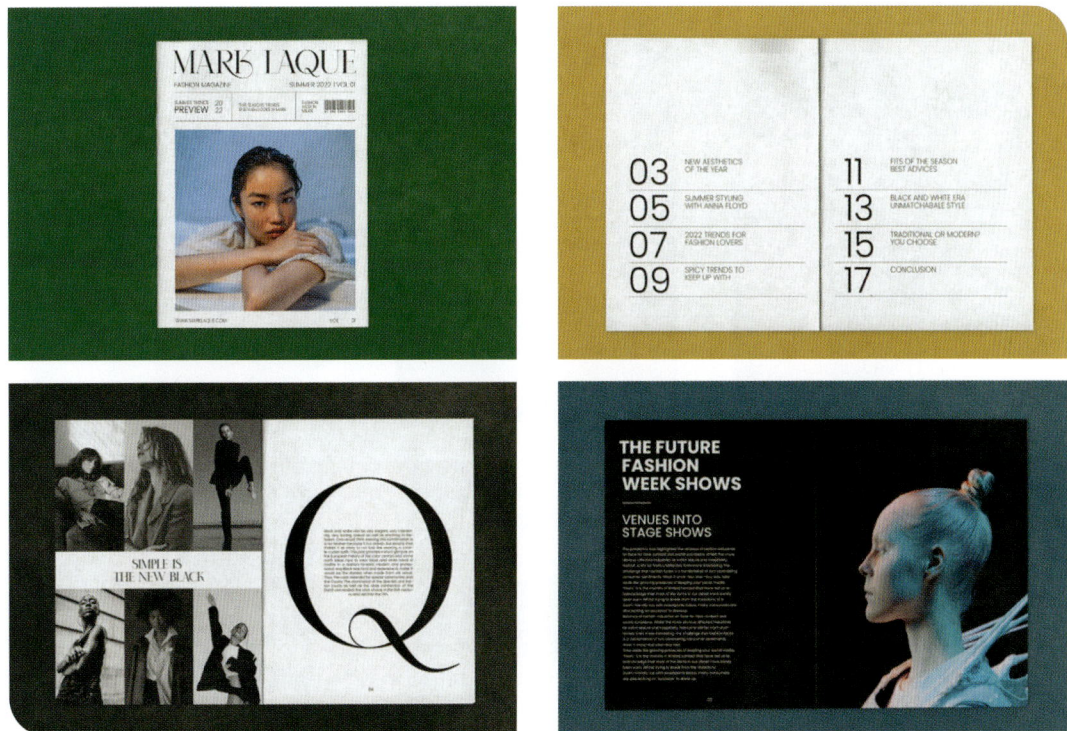

图6-3　《*Mark Laque*》杂志设计，Fatima Abbasova，阿塞拜疆，2022

### 6.1.4　案例4：食品包装

　　包装设计的版式设计要点是确保包装在视觉上吸引人、信息传达清晰且布局合理。以下通过图6-4所示案例来分析包装设计中的版式设计应用。

　　（1）明确主题。版式设计必须紧密围绕产品主题进行。本包装以意式浓缩咖啡为主题，通过咖啡壶图案和相关文字直接传达了这一主题。

　　（2）突出重点。主体图案（咖啡壶）和关键文字（如品牌名、产品名）采用对比色，通过字体大小、颜色对比等方式使其更加醒目，易于识别。

　　（3）元素搭配。色彩选择了橙、棕色系，营造出温馨、舒适的氛围，非常适合咖啡的产品品类。图像选择了手绘咖啡壶图案作为中心焦点，这个图案直接关联到产品本身（意式浓缩咖啡），具有高度的识别性和象征意义。整体简洁明了，没有过多的细节，避免了视觉上的杂乱，使整体看起来更加清爽。

　　（4）实用性。对于包装设计而言，版式设计不仅要美观还要实用，要考虑到消费者的使用习惯和需求，如产品重要信息的呈现方式、二维码的放置位置等。

图6-4　Rigello 咖啡包装设计，Kamil Zakrzewski，波兰，2022

## 6.1.5 案例 5：招贴海报

图 6-5 是一组活动招贴海报，以下是对这组案例的解析。

（1）统一的主题与标语。在这一系列海报中，使用了相同的主题标语。这种重复不仅强化了主题，还使得整个系列海报在视觉上具有统一性和连贯性。

（2）色彩对比与多样性。每张海报采用了不同的颜色作为背景，这种色彩对比不仅增强了视觉冲击力，还使得每张海报在保持整体风格一致的同时，又具有各自的独特性。色彩的选择也与海报想要传达的情感及信息相呼应。

（3）文字排版与层次。标语在海报中占据了显眼的位置，字体大小适中且易于阅读。同时，标语中的文字经过了一定的排版设计。在现代视觉艺术中，文字已经不只是一种信息传递的符号，它还具有图形的含义，以及一定的艺术表现功能。

图6-5　APCP活动海报，Estelle Gehin等，西班牙，2023

## 6.2 数字界面中的应用及案例解析

### 6.2.1 案例1：网页设计

PC端即计算机端，PC端用户界面主要包括计算机系统界面设计、网页设计及产品界面设计。它们显示在13~16in（1in=25.4mm，下同）的计算机屏幕内，但界面尺寸的大小不尽相同。PC端内界面的交互方式是使用鼠标进行单击、双击、滚轮滑动等复杂操作。所以，在PC端内用户界面的版式设计呈现出信息量大、内容丰富等特点。网页设计作为目前平面设计师的工作方向之一，是PC端界面设计中的常见载体，也是目前在PC端内备受瞩目的设计领域。网页的属性决定其版式设计的艺术风格与个性特征（图6-6、图6-7）。

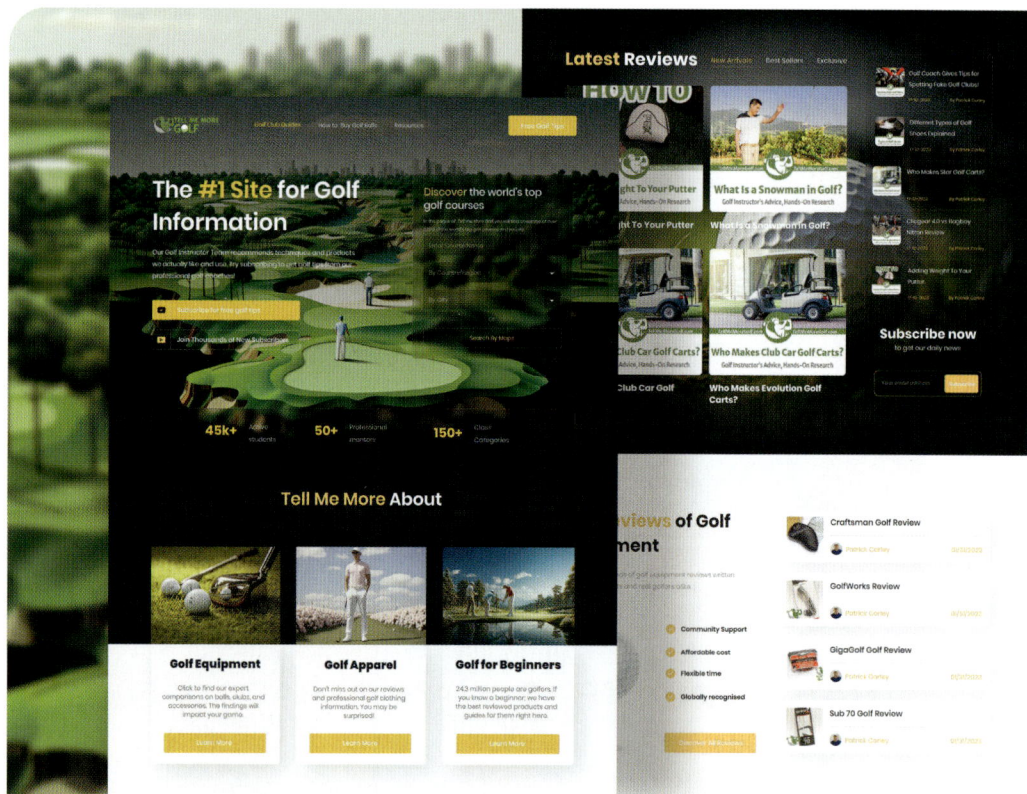

图6-6　Tellmemoregolf平台用户界面，塞浦路斯，2023

该网站首页版式设计简洁明了，色彩以绿色为主，与高尔夫球场主题相契合。页面上方蓝天白云与中部的高尔夫球场插画相互呼应，营造出身临其境的视觉效果。文字框和按钮的设计直观醒目，便于用户快速获取信息和采取行动。底部选项卡提供了丰富的信息分类，方便用户浏览和查找所需内容。整体设计既美观又实用，提升了用户体验。

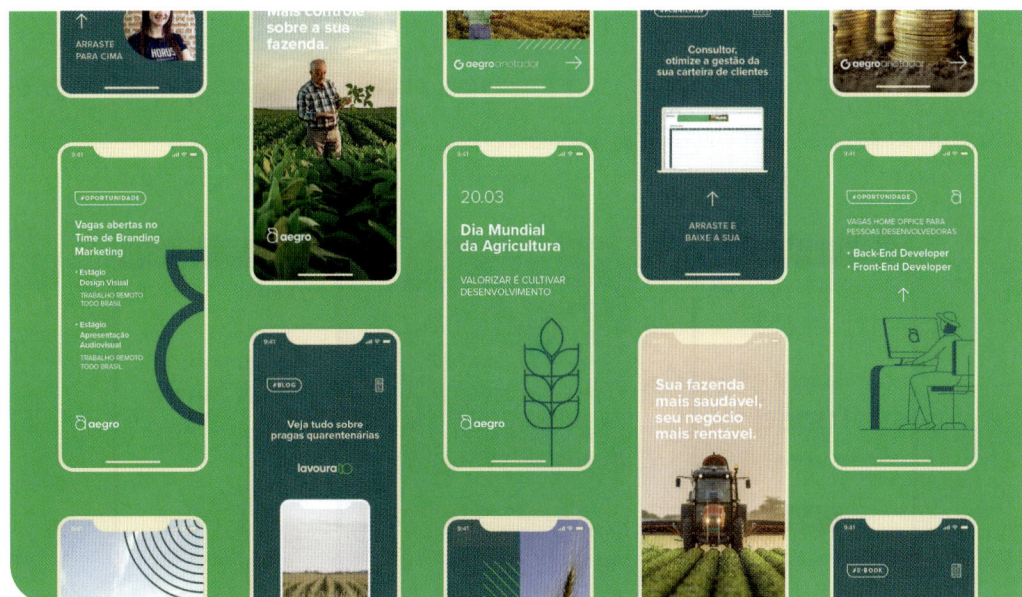

图6-7　Aegro品牌更新与网页设计，StudioBah，巴西，2022

　　Aegro是一款农业管理软件，可以提供乡村日常工作的规划和组织。该公司希望通过设计来构建其品牌形象，以便为初创公司的预期增长夯实基础。在整个在线程序中，进行了全新的视觉标志设计，将品牌与数字世界联系起来，并融合了土地耕作与农作物的现实场景元素。

## 6.2.2　案例 2：电商详情页

详情页是消费者网购时对产品的第一印象，可以帮助消费者快速评估产品信息，从而做出购买决定。版式设计良好的产品列表图片可以显著提高消费转化率。下面通过图 6-8、图 6-9 中的案例来分析电商详情页的排版原则及技巧。

### ■　排版原则

（1）简洁性。使用最少的元素传达最准确的信息，避免冗余和复杂的设计，让用户能够快速捕捉到重点。

（2）一致性。保持整体风格的统一，包括色彩、字体、布局等方面，降低用户的认知负担。

（3）可读性。确保文案清晰易读，合理设置字体大小、间距和颜色，提高用户的阅读体验。

（4）引导性。通过视觉元素引导用户的视线流动，让用户按照设计师的意图浏览详情页。

### ■　排版技巧

（1）布局规划。使用分块布局、分栏布局或九宫格布局，将详情页划分为多个区域，如产品展示区、功能介绍区，每个区域承担不同的信息展示任务。确保各个元素之间的对齐和平衡，使页面看起来整洁有序。

（2）色彩搭配。选择与产品属性相符的色彩作为主色调，如食品类产品常用暖色调。合理运用色彩对比和调和原则，突出重要信息，同时保持整体的和谐统一。

（3）字体与字号。选择易于阅读的字体，避免使用过于花哨或难以识别的字体。根据文案的重要性和层级关系设置不同的字号和加粗效果，以区分主次信息。

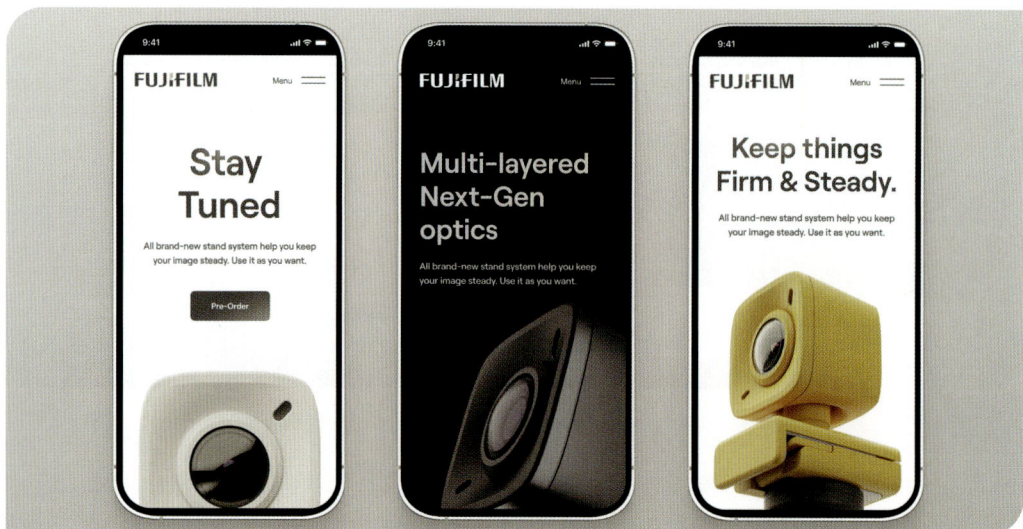

图6-8　FUJI产品网页界面设计，Phenomenon工作室，土耳其，2022

图6-9 亚马逊产品详情页设计，CrimsonCrown Designer，格鲁吉亚，2024

　　图中详情页的版式设计有几点可取之处：视觉焦点，通过展示健康活泼的大型犬，迅速吸引观众的注意力，成为设计的核心焦点，与狗粮品牌形成紧密联系；色彩对比，鲜艳的颜色吸引眼球，文字颜色与背景形成对比，易于阅读，绿色植物图案点缀；文字排版，文字信息层次分明，上方简洁介绍狗粮卖点，下方小字轻松邀请观众享受观看，塑造版面浏览节奏；信息层次，通过字体大小和排列方式划分内容区域，突出关键信息。

### 6.2.3　案例 3：横幅广告

横幅（Banner）广告直接影响着用户的浏览体验、信息获取效率以及最终的点击决策（图 6-10）。

■ **排版原则**

（1）用户体验原则。考虑用户的浏览习惯和视觉流程，确保设计易于理解和记忆。

（2）信息简洁原则。明确 Banner 广告的主题和目标，确保所有元素都围绕这一中心展开。文字内容要简洁明了，避免冗长和重复，突出核心信息。

（3）视觉平衡原则。保持整体视觉平衡，避免给用户带来混乱感。

■ **排版技巧**

（1）聚焦和留白。将标题聚拢，形成视觉焦点，有助于用户快速捕捉关键信息。利用留白使画面更加透气，避免拥挤感，同时引导用户视线，突出重要内容。

（2）降噪和重复。避免过多的颜色、字体和图形元素，减少视觉干扰。在设计中保持一致性，通过重复某些元素（如颜色、字体、形状等）来增强整体感。

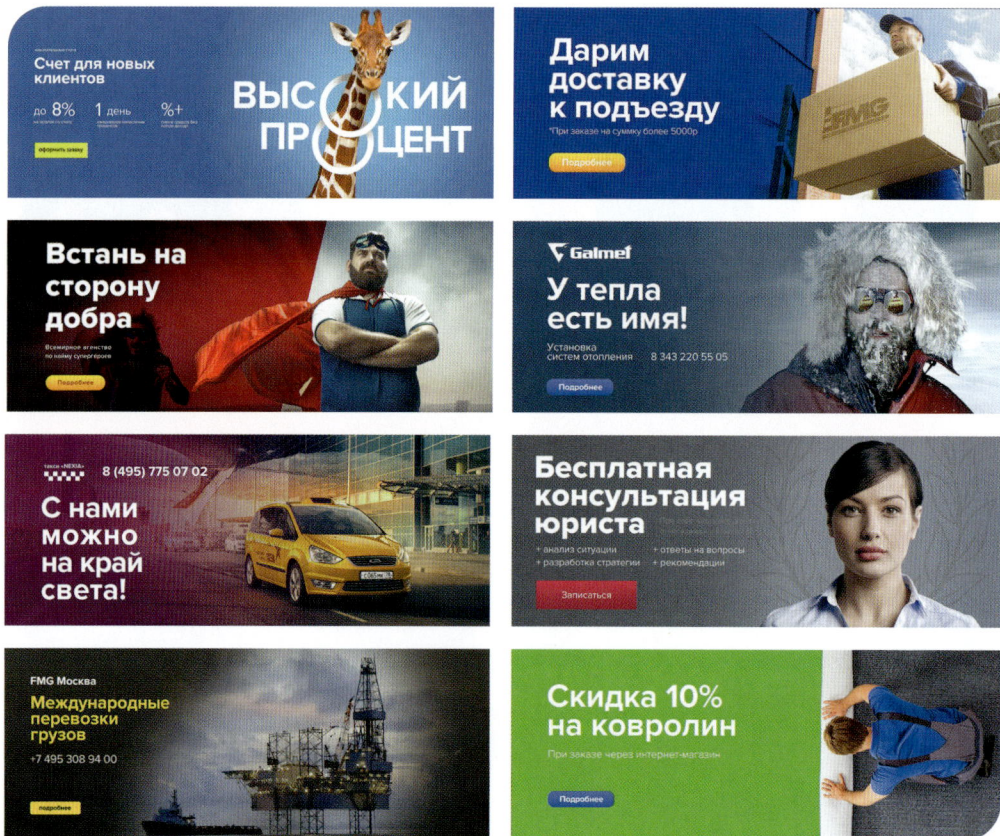

图6-10　横幅广告版式设计，Ilya Bakanov，俄罗斯

## 6.2.4　案例 4：用户界面 / 体验设计

用户界面 / 体验（UI/UX）设计主要应用于各种智能设备的应用软件、商家（B 端）后台或小程序中。它们主要显示在电子屏幕内，通常占据整个屏幕，且主要是通过进行单击、长按或者拖动等简单操作进行交互。所以，在移动端用户界面的版式设计主要有呈现信息量小、内容精简等特点。其界面的版式编排风格与网页设计同理，依旧取决于产品属性。设计的出发点需要以产品的功能、特点以及所针对的用户群体为基础。

版式设计在用户界面设计中的应用涉及图标排版、组件排版、插图横幅排版、运营视觉排版等。合理的排版结构可以帮助对整个界面进行布局，比如文字、图片、按钮等元素的排列方式、大小、颜色等。一个好的界面布局可以直接影响用户对于产品的体验和使用。接下来通过一组案例来了解用户界面 / 体验设计中常见的界面布局（图 6-11）。

（1）网格布局。将页面或应用分割成网格，将内容放置在网格中，通常用于展示大量内容的网站或应用。

（2）流式布局。根据设备的大小自动调整布局，使页面或应用适应不同的屏幕尺寸。

（3）响应式布局。根据屏幕尺寸和设备类型自动调整布局和内容，以提供更好的用户体验。

（4）绝对定位布局。用层叠样式表（CSS）的绝对定位属性将元素放置在页面的固定位置，通常用于创建复杂的交互效果。

（5）弹性布局。根据容器的大小自动调整元素的大小和位置，以保持页面或应用的平衡。

（6）卡片式布局。将内容放置在卡片中，每个卡片都可以独立地进行操作和交互。

（7）分栏布局。将页面或应用分为多个栏目，使内容更易于组织和浏览。

（8）层叠布局。将元素放置在叠层中，以创建复杂的交互效果和动画。

（9）圆形布局。将元素放置在一个圆形区域内，通常用于创建环形菜单或导航。

（10）瀑布流布局。将内容按照一定规则排列，形成像瀑布一样的效果，通常用于展示图片或商品。

（11）F 型布局。这种布局模仿了人们浏览网页时的视觉轨迹——先看顶部和左上角，然后沿着左边缘顺势直下，视线很像大写英文字母 F。

（12）全屏图像布局。全屏图像布局是指将超大背景图片放在整个屏幕上。与传统平铺背景图片相比，这种布局具有强烈的视觉冲击力，特别适合想要强调视觉影响力的网站。

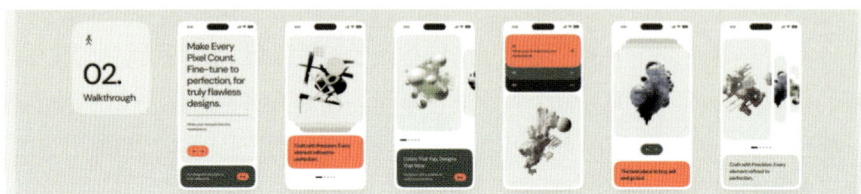

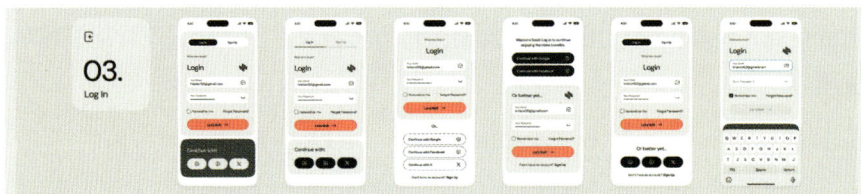

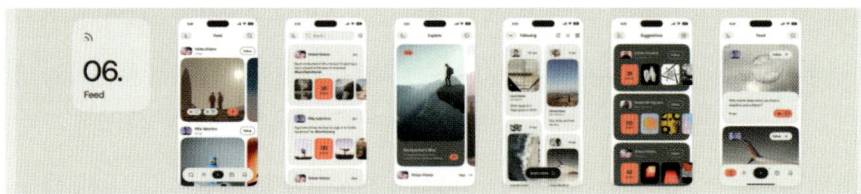

图6-11　HaHo 用户界面设计，Hristo Hristov，德国，2024

## 6.2.5　案例5：智能产品用户界面设计

其他用户界面设计指的是除了移动端和 PC 端之外的所有界面，最常见的就是智能家电界面、汽车中控屏界面等。这些界面的尺寸主要取决于产品的功能属性。相比移动端和 PC 端而言，它的交互方式更加简单，通常只需要进行单击和拖动。整体界面的版式设计呈现出极简易识别的特点，非常注重对产品基本功能的使用。

■　智能家电界面设计

智能家电品类丰富，如图 6-12~ 图 6-15 所示的直饮机、智能洗衣机、智能开关及微波炉界面，其版面设计核心聚焦于基础功能的高效交互，通过精简的视觉语言强化操作引导。界面以功能性文字为主，结合色彩对比实现信息分层：关键操作（如启动、模式切换）采用高辨识度色块配合简明动词（如"加热""洗涤"），次要信息（如状态提示、参数说明）则以低饱和色彩或小字号辅助呈现。这种"文字 + 色彩"的编排策略，既能降低用户认知负荷，又能通过视觉动线引导操作流程，满足智能家电对易用性与安全性的双重需求。

图6-12　直饮机界面

图6-13　智能洗衣机界面

图6-14　智能开关界面

图6-15　微波炉界面

■ 汽车中控屏界面设计

　　早期的汽车中控系统大多以实体按钮为主，但随着时代的推进和科技的日新月异，液晶仪表盘与中控屏的组合开始出现，这一时期的中控屏虽然屏幕尺寸普遍在 6~8in 之间，且应用功能相对有限，但已经初步融入了娱乐化内容。随着汽车行业的蓬勃发展，大屏设计逐渐成为汽车中控系统的主流趋势。

　　为了满足驾驶者的需求，汽车中控屏的界面设计必须遵循人体工程学原理，确保为驾驶员提供最佳的视线范围和角度。整体界面设计追求简洁明了，注重信息的层级划分，以便驾驶员能够快速准确地获取所需的驾驶信息。如图 6-16 所示的汽车中控屏设计，其视觉元素无论是图片、文字还是色彩，都体现了极简主义的设计风格，易于识别和操作，为驾驶员提供了清晰、直观的驾驶信息。

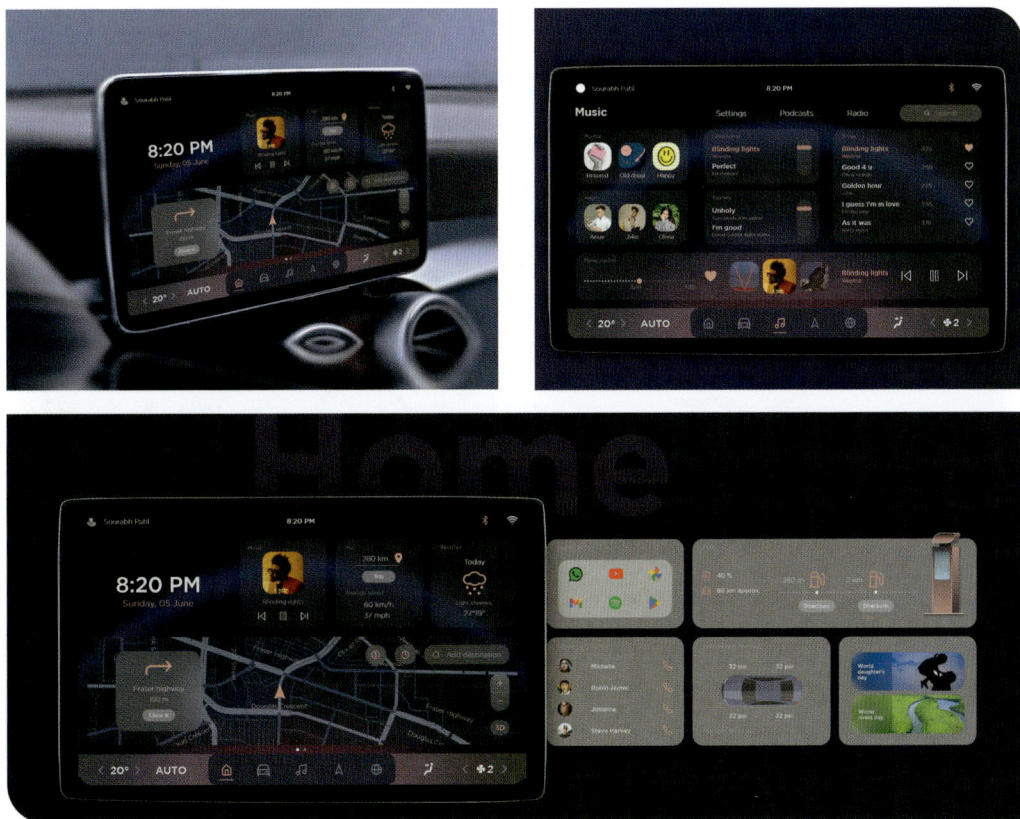

图6-16　汽车人机交互（HMI）概念设计，Sourabh Patil，印度，2022

## 6.3 视觉识别中的应用及案例解析

### 6.3.1 案例1：标志设计

品牌标志也叫 LOGO，是品牌中最容易被识别与记忆的符号，它以精炼的形象向大家传递特定的信息，是最容易被人们理解和接受的一种视觉语言。针对品牌标志的版式设计除了需要精准地传递品牌内涵之外，还需要造型简单以便于传播与制作延展，所以品牌标志设计一般具有可视性、独特性、通用性、信息性及文化性等特点。

品牌标志中的版式设计具有三种基本表现形式。其一，以图形为主的标志设计，将图形作为标志设计的核心要素，把品牌内涵移植到图形之中，将其进行高度概括、提炼、取舍与变化，可以让观众从图形中感受到品牌内在的生命力。其二，以文字为主的标志设计，如图 6-17 将文字作为标志设计的核心要素，它是语音与语言视觉形象化的具体体现。相较于图形标志而言，文字标志可以更加简洁、直观地传递品牌信息。其三，将文字、图形进行组合的标志设计，将文字与图形组合作为标志设计的核心要素，将文字的可读性与图形的可视性进行组合，共同发挥各自的优势。相对比文字标志和图形标志，文字图形组合的标志更加丰富有趣。

图6-17　Ecomove标志设计，Estúdio Lippi，葡萄牙，2024

## 6.3.2　案例 2：品牌视觉识别

　　视觉识别系统简称 VIS，是一种运用系统的、统一的视觉符号系统。视觉识别系统通过完整的视觉传达体系，将企业理念、文化属性、服务内容、企业规范等抽象的语言转化为具象的视觉符号，是帮助企业树立品牌形象、提高企业知名度与美誉度的重要方式。如图 6-18 是品牌 Engage 的视觉识别系统，其主要分为基本要素系统和应用要素系统，其中基本要素系统包括企业名称、品牌标志、标准字、标准色等，应用要素系统包括产品包装、导视系统、陈列展示、衣着制服等。它们都是企业传达信息、树立良好视觉形象的优质媒介。缺乏良好的视觉识别系统，人们难以深入了解企业，进而难以形成稳定的消费群体，实现良好的经济效益，所以版式设计在视觉识别系统中担负着非常重要的作用。

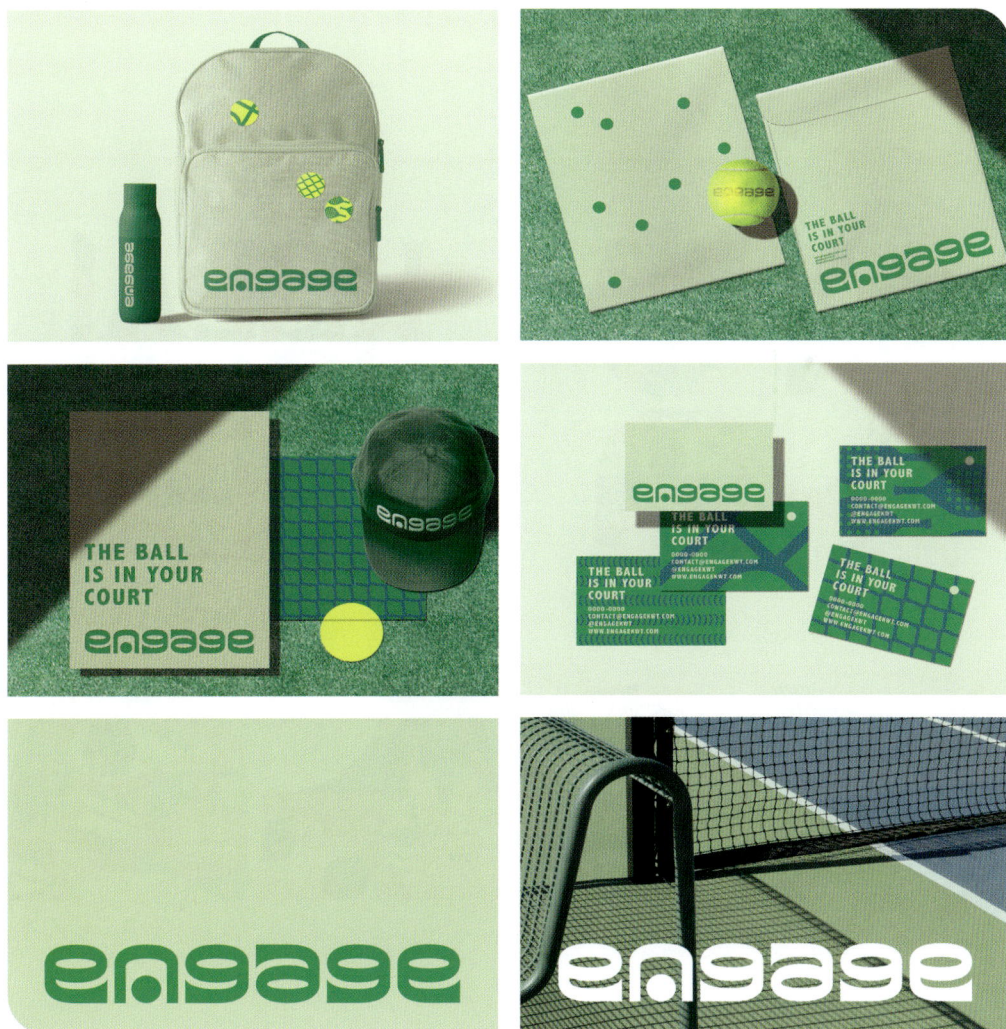

图6-18　Engage品牌视觉识别，Studio AIO，科威特，2024

### 6.3.3　案例 3：主视觉设计

　　主视觉设计是一个综合性的视觉表达体系，其核心功能是将抽象的语义概念转化为直观的视觉符号（包括文字、图形、图像等），以此展示并塑造出独特的视觉形象，从而有效地传达展示活动的核心主题或意图。此外，主视觉设计还承担着将企业的理念、文化特质、服务内容以及企业规范等抽象概念转化为具体、可感知的视觉符号的任务，这对于企业塑造品牌形象、提升知名度和美誉度而言，是一种至关重要的手段。

　　主视觉设计通过主视觉内容与衍生物料的系统化配合实现整体视觉传达，其中主视觉内容（包括核心图形、辅助图形和色彩系统）为各类衍生物料提供统一的设计基础：核心图形以"陌生感"和"视觉形象陌生化"为核心理念构建视觉识别基础；辅助图形作为其延展表达，与核心图形协同适配海报、邀请函、导览册等不同规格的衍生物料（图 6-19）；色彩系统则通过感性直觉与理性分析相结合的筛选方式，确保所有衍生物料在视觉表现力和风格调性上保持高度统一。这种从核心元素到应用载体的递进式设计体系，既保证了视觉识别的连贯性，又能灵活适应不同物料的应用需求。

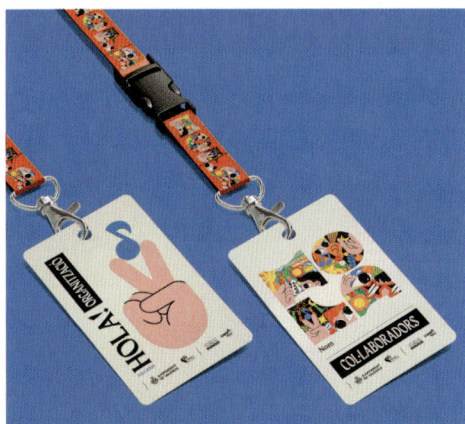

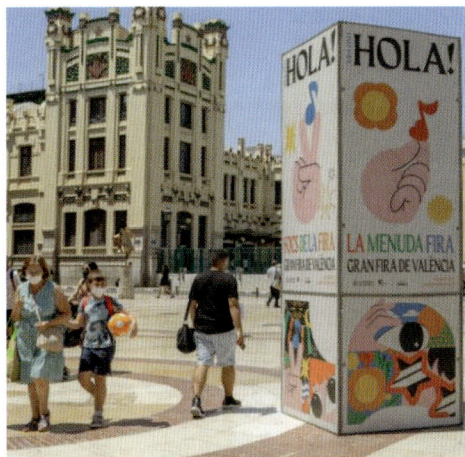

图6-19　巴伦西亚博览会主视觉设计，Meteorito Estudio，西班牙，2021

　　该作品为巴伦西亚博览会活动主视觉设计，作品将"你好"（HOLA）一词的每个字母定格在画面中，融入花园、阳光、文化音乐、烟火等情感意象，来表达主题。 利用主视觉画面创作了大量的城市应用，如海报、广告、灯箱、图腾、舞台、服装等，并且应用于新闻、社交媒体、动画、横幅和网站，以及活动现场和文创商品等场景。

### 6.3.4　案例 4：展陈设计

　　版式设计在展陈设计中的应用极为广泛且重要，它不仅是信息传递的载体，更是提升观众观展体验的关键手段。以下详细阐述版式设计在展陈设计中的作用。

　　（1）突出主题。展陈设计的首要任务是传达展览的主题和内容，通过合理的布局和元素排列，将主题置于视觉中心，使用醒目的字体、色彩等手法强调主题，使观众一目了然（图 6–20）。

　　（2）引导观展。版式设计具有导向性，能够引导观众按照设计师的意图浏览展览。通过线条、色彩、形状等元素的运用，构建出清晰的视觉流程，使观众能够有序、高效地参观展览。

　　（3）提升观展体验。优秀的版式设计能够营造出良好的视觉氛围，提升观众的观展体验。通过合理的色彩搭配、图片选择和文字排版，使展览空间更加生动、有趣，增强观众的参与感和沉浸感。

　　Mode Avion 是一项引领沉浸式体验的展览（图 6–21）。该作品与顶尖建筑师紧密携手，不仅在艺术构思上倾注匠心，更在用户体验设计上精益求精，运用了大量的版式设计技巧，打造出具有强烈的视觉冲击与心灵触动的艺术空间。

图6–20　爱马仕圣诞橱窗，英国，2023

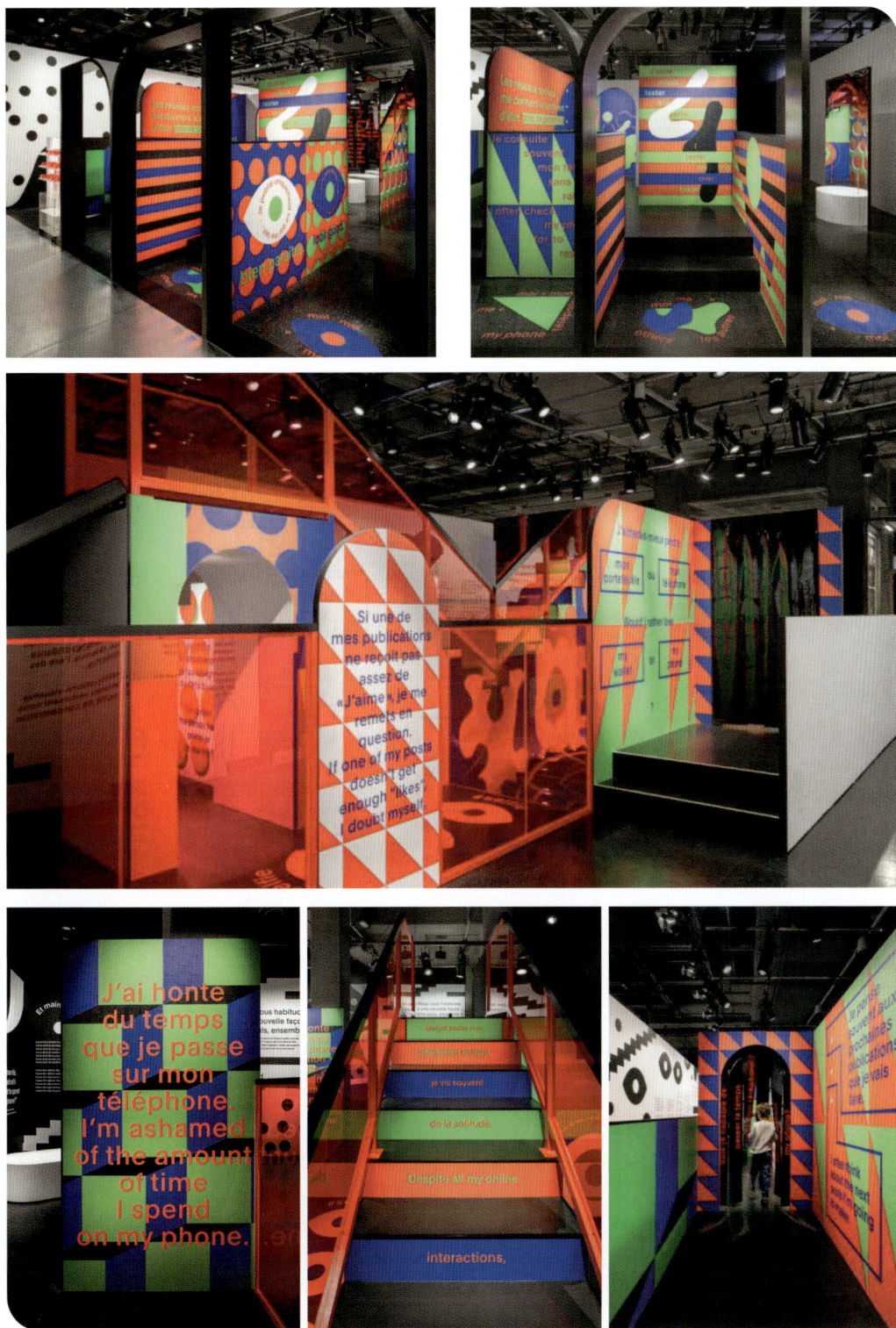

图6-21 Mode Avion展陈设计，Nouvelle Administration，加拿大，2020

## 6.4　导视系统中的版式设计

　　导视系统应用于环境空间内，它将各种信息按照一定的规范组合起来，为人们提供导向，准确地传递空间信息。它被广泛地应用于现代商业场所、旅游景区、公共设施、城市交通等公共空间中，一般包括标示牌、地图、路标等。导视系统不光具有引导的作用，还是营造空间氛围、塑造文化形象的重要组成部分，因此导视系统中的版式设计通常与环境空间属性呈现一致性，且整体设计简洁大方，直观易懂，为人们提供精准的导向。图 6-22 为 Simon（西蒙电器）品牌旗舰空间导视系统设计。该空间位于西班牙的 La Casa de la Luz（光明之家），是当地最著名的野兽派建筑代表作之一，该导视系统设计整体呈现出独特的风格。

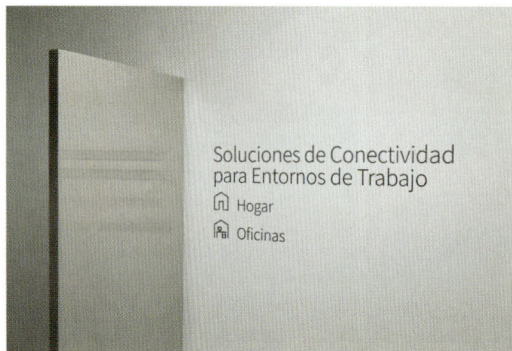

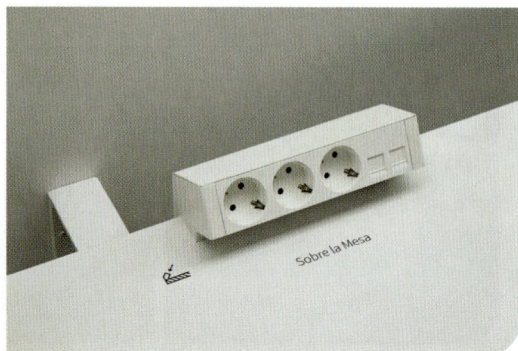

图6-22　Simon品牌旗舰空间导视系统设计，Forma & Co，西班牙，2022

## 6.5　专题拓展：AIGC在版式设计中的创新应用

AIGC（Artificial Intelligence Generative Content），即人工智能生成内容。作为人工智能领域的重要分支，AIGC正在重新塑造着内容创作生态。它凭借深度学习、计算机视觉等技术的持续革新与进步，从共享的数据资源中汲取知识，进行分析并创造出高质量的文本、图像、音视频等内容，推动了艺术设计行业的数字化与智能化发展。

### 6.5.1　AIGC对艺术设计创作的革新

AIGC技术在艺术设计领域的创造性应用，正逐步将人—物的设计流程转向人—机—物的设计互动，为设计师开辟了一条不同于传统设计形式的新路径。AIGC技术革新不仅改变了设计过程，还引入了诸如MJ（Midjourney）、SD（Stable Diffusion）、ComfyUI、LibLib AI等AI绘图工具。在图形生成方面，这些工具通过合理利用AIGC技术，能够助力设计师在短时间内迅速产出大量设计方案、概念草图及创意素材，极大地激发了设计师的创意灵感。

AIGC技术的另一大优势是能够根据设计师的反馈和特定提示词，快速对设计草案进行优化调整。相较于传统的人工修改方式，AI技术生成的图像具备更快的迭代速率，能够在较短时间内高效产出多样化的设计样本，从而极大地便利了设计师快速且精准地甄选出理想的设计成果。此外，通过在AI绘图工具中引入Lora模型的训练，AIGC技术还能捕捉并融合特定的艺术风格或不同流派风格，满足个性化定制与创新设计的需求，进一步释放了设计师的创造力。

随着AIGC技术的不断演进与应用，设计师的工作方式正经历着重大变革。未来，设计行业岗位可能会进一步细化，设计师将更加专注于某一特定领域的设计。同时，能够熟练运用AIGC技术进行设计创作的人才将更受市场欢迎，预示着设计行业岗位需求的新趋势。

面对这一趋势，艺术设计专业的学生或从业者除了需要掌握传统的设计技能和提升审美能力外，还应积极了解AIGC在设计领域的最新应用和趋势，掌握其优势和局限性，思考如何将AIGC与传统设计方法相结合，发挥各自优势，提升数字实践操作能力，才能更好地应对AIGC时代带来的机遇与挑战。

### 6.5.2　AIGC对版式设计的智能优化

AIGC技术在版式设计中的应用，为设计师带来了前所未有的便利和创新可能。

（1）自动生成设计元素。AIGC技术能够自动生成多种设计元素，包括字体、图形、色彩搭配等，这些元素可以根据设计师的需求和偏好进行个性化定制。例如，设计师可以通过AIGC工具输入提示词或描述，便能自动生成对应的字体样式、图形图案以及色彩搭配方案。

（2）快速生成设计方案。AIGC技术能够根据设计师的创意构想或给定的主题，快速生成多个设计方案。这些方案不仅风格各异，还能在保持整体协调性的同时，突出设计重点，提升视觉效果。设计师可以在这些方案中进行选择和优化，从而快速形成最终的设计作品。

（3）实时调整与优化。AIGC 能够根据实际需求对设计方案进行实时调整和优化。AIGC 能够智能地识别并修改设计元素的位置、大小、颜色等属性，确保设计作品既不乏创意构想，又满足实际应用需求。

（4）智能排版与布局。AIGC 技术能够根据设计内容的特点和要求，自动调整文字、图片、图形等元素的排列方式和间距，使设计作品更加美观、易读。同时，AIGC 还能提供多种排版模板和样式供设计师选择，以满足不同场景下的设计需求。

## 6.5.3 案例：使用 Stable Diffusion 生成文字海报

### ■ ControlNet 控制原理

ControlNet 简单来说就是控制出图的插件。ControlNet 允许输入调节图像，然后使用该调节图像来操控图像生成。其调节图像类型众多，例如涂鸦、边缘图、姿势关键点、深度图、分割图、法线图等，这些输入都可以作为条件输入来指导生成图像的内容。比如生成人物图像，通过固定构图、定义姿势、描述轮廓，使用简单的线稿便可生成，还能精准控制手部位置、局部颜色、发色、衣服颜色、鞋子造型等细节。

### ■ 绘制线稿控制图

使用 PS 或 Illustrator 软件，新建文件，尺寸设置为 512×768px，输入版面中的文案。还可在效果选项中添加 3D 凸出、斜角、扩展外观等效果。导出为 png 或者 jpeg 格式（图 6-23）。

### ■ 进入 Liblib AI 在线绘画平台

打开 Liblib AI 在线绘画平台，进入在线生成。在 Check Point 中选择风格模型，其主要作用是定调图像风格。比如，想让最后生成的图片是漫画的风格，可以选择动漫通用大模型，如：麒麟 –revAnimated_v122。

在提示词框中输入中文提示词："（绿色植物艺术形式，独奏 :1.5），花、草地、森林，春天，盛开的花朵，苔藓微景观，干净的背景，绿色，简单，光线追踪，自然光。C4D、OC 渲染器。（杰作 :1.2），最佳质量，高分辨率。完美的光圈，（极致精细

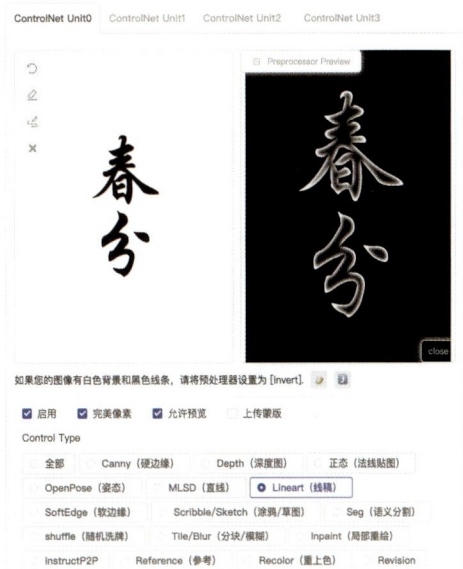

图6-23　线稿控制图

CG:1.2），32K"，点击右侧"翻译为英文"选项。此外，还有负向提示词框中，用于限制不需要出现在画面的内容，将提示内容输入负向提示词框即可。

■ 使用 Lora 模型

Lora 是一种利用少量的数据训练出来的模型，配合 Check Point 大模型对图像风格进行微调，通过微调模型来更好地适应特定的图像生成任务或风格。该模型需要正确设置 Lora 的使用权重，当添加多个 Lora 模型时，权重数值的设置要有主次关系（图 6-24）。

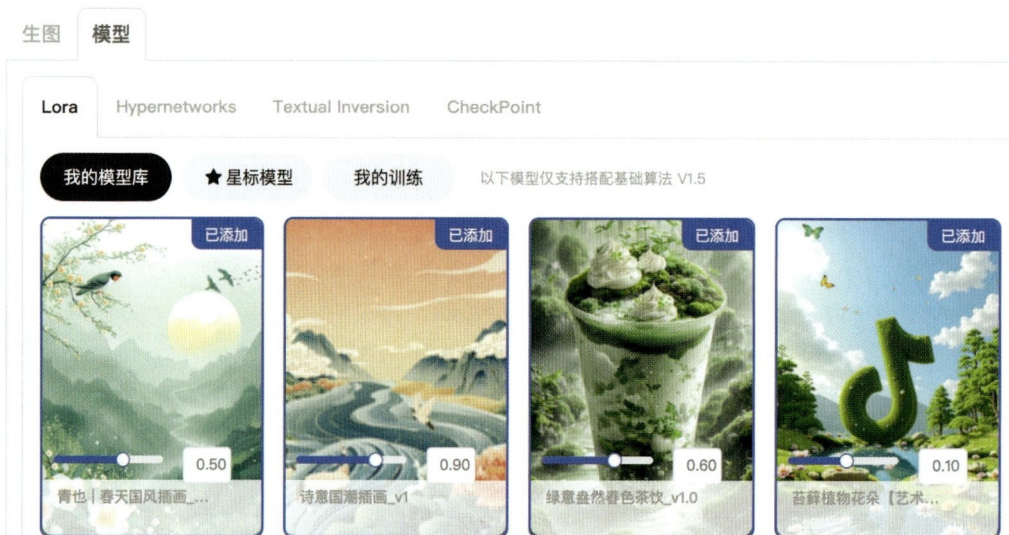

图6-24 Lora模型图

■ 设置参数

（1）采样方法。采样方法决定了如何进行随机采样，不同的采样器会对结果产生影响。

（2）迭代步数。迭代步数越多，生图时间越长，因此，测试阶段可减少迭代步数，如 5~10 步；找到合适的模型和提示词后，将步数增加到 20~30 步，从而丰富画面细节。

（3）宽高度。宽度和高度设定值需要与线稿控制图尺寸相同，避免内容显示不完整等问题。

（4）重绘采样步数。步数越高对放大后的图像改变越大，反之越小。一般设置为 0.7 左右。

（5）提示词引导系数。控制生成图像与输入提示词的匹配程度。需要注意的是，系数设置并非越高越好，当系数过高时，生成的图像可能会强调某些特征，而忽视了其他的细节。

（6）点击生成。在 Control Net 上传绘制好的线稿图，勾选启用、完美像素、允许预览。在 Control Type 控制类型中选择"线稿"，点击红色爆炸按钮（运行预览），生出动作骨骼控制图。回到网页最上方，点击"开始生图"，最终得到生成图像。在生图的过程中，可能需要多次微调，才能得到接近预期的效果。

■ 优化版式

　　对生成的图片做后期处理，增加标题、正文等文案内容，进行版面优化调整（图6-25），也可对同一主题的内容尝试生成更多效果图，为后期排版提供素材（图6-26）。

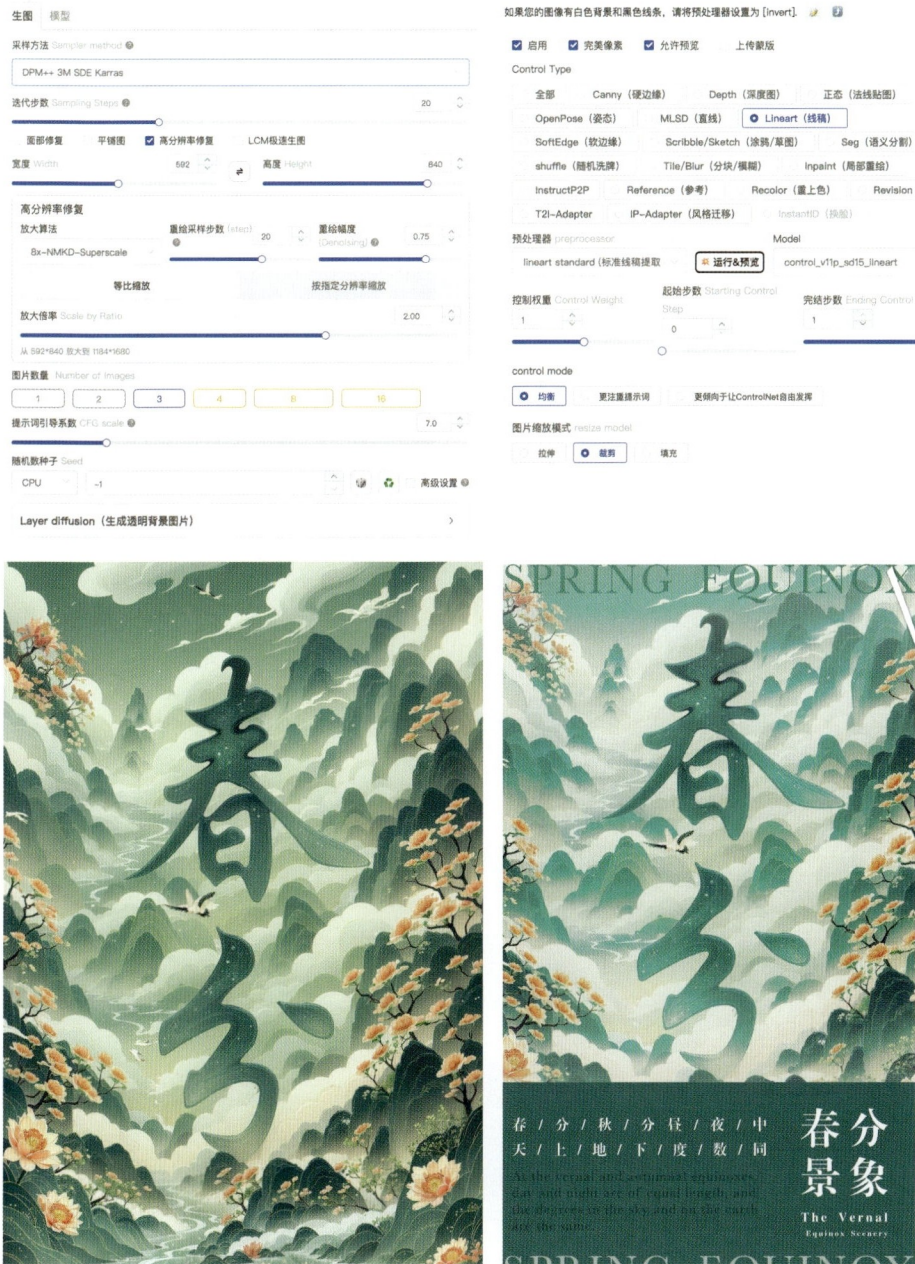

图6-25　设置参数图、AIGC生成图片与优化版面

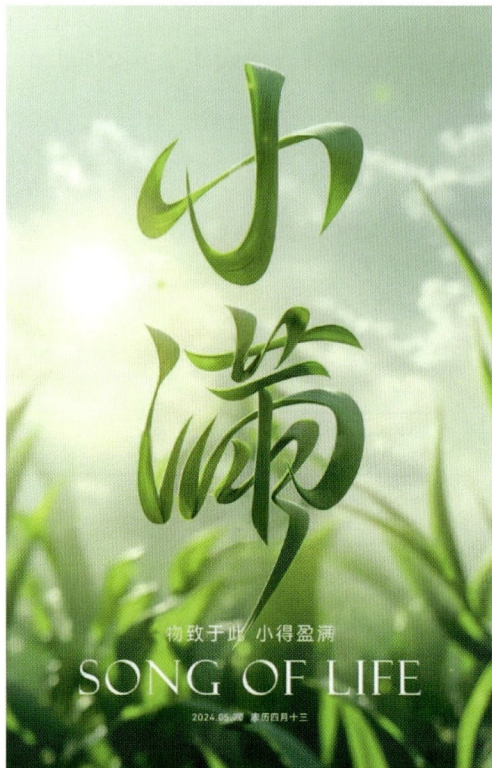

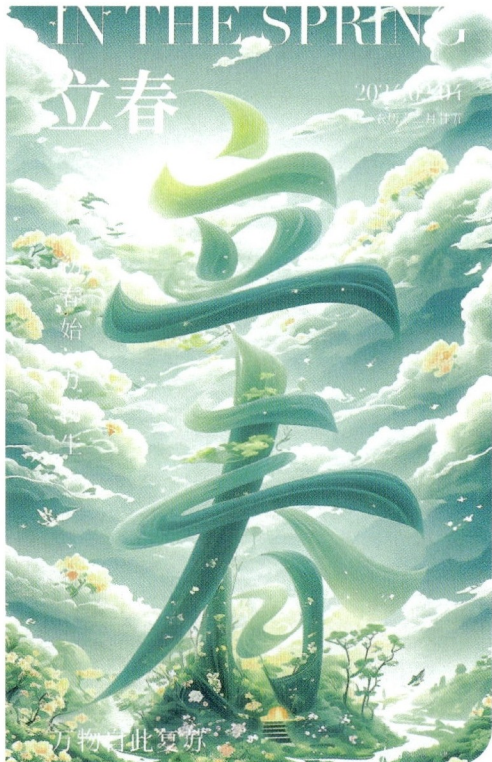

图6-26　生成效果图

## 6.6　思考练习

1.版式设计在不同媒介中的差异化应用及其效果分析

要求：分析版式设计在纸质媒介（如报纸、书籍）与数字化界面（如 PC 端、移动端用户界面）中的差异，讨论这些差异化应用如何影响信息传达效果和用户体验。

2.AIGC 为版式设计带来的机遇与挑战

要求：思考在 AIGC 技术革新的背景下，设计专业的学生或从业者在进行版式设计实践时，应具备哪些能力以应对 AIGC 带来的机遇与挑战。

■ 练习内容

宣传册的设计执行与成品打印

目标：通过实际设计宣传册，深入理解版式设计在视觉传达中的重要性及其运用方法。将理论知识转化为实际设计技能，能够独立完成从市场调研、概念构思、设计执行到成品打印的整个宣传册制作流程。

主题选择：选择一个与你的兴趣、课程或客户需求相关的主题，如企业介绍、产品推广、活动策划、文化宣传等，作为宣传册的设计主题。

技术规格：宣传册尺寸：A4，可以横版或竖版。分辨率：不低于300dpi，以确保打印质量。色彩模式：CMYK 色彩模式，以适应印刷需求。出血线：设置适当的出血线（通常为3mm），以确保打印时裁剪和装订的准确性。页面：16 页（16 页不含封面、封底，为适应打印需求，封面封底需单独设计）。

提交内容：提交一份打印好的宣传册实物样品，以展示设计效果。附上一份简短的设计说明，阐述设计思路、主题表达、技术特点等。提交一份完整的宣传册设计文件，格式为 PDF。

扫码获取案例

# 参考文献

[1] 方敏，陈刚，史爽爽，于雅淇 . 新媒体艺术设计 [M]. 北京：化学工业出版社，2024.

[2] 方敏，侯宇，潘梦琪 . 色彩构成 [M]. 北京：化学工业出版社，2024.

[3] 杨朝辉，张磊，周倩倩，吕宇星 . 广告设计 [M]. 北京：化学工业出版社，2022.

[4] 杨朝辉，项天舒，郭子明，陈义文 . 信息可视化设计 [M]. 北京：化学工业出版社，2022.

[5] 杨朝辉，周倩倩，刘璐婷 . 书籍装帧创意与设计 [M]. 北京：化学工业出版社，2020.

[6] 杨朝辉，毛金凤，吴秀珍 . 图形创意 [M]. 北京：化学工业出版社，2020.

[7] 杨朝辉，王远远，张磊 . 包装设计 [M]. 北京：化学工业出版社，2020.

[8] 杨朝辉，夏琪，项天舒 . 字体设计 [M]. 北京：化学工业出版社，2020.

[9] 欧阳威 . 版式设计 6 周学习手册 [M]. 北京：人民邮电出版社，2023.

[10] 方舒弘 . 网格系统与版式设计 [M]. 杭州：中国美术学院出版社，2022.

[11] 王受之 . 世界现代设计史 [M]. 北京：中国青年出版社，2015.

[12] 代琴 . 版式设计与制作案例技能实训教程 [M]. 北京：清华大学出版社，2021.

[13] 武迪，魏虹，王雅娟 . 移动 UI 设计 [M]. 北京：清华大学出版社，2023.

[14] 喻珊，张扬，刘晖 . 字体与版式设计 [M]. 北京：清华大学出版社，2021.

[15] 张克俊，孙凌云，柴春雷等 . 设计思维与创新设计 [M]. 北京：高等教育出版社，2024.

[16] 张枝军，朱琳婷 . 视觉营销设计 [M]. 北京：高等教育出版社，2024.

[17] 王红江 . 主体叙事空间设计 [M]. 北京：高等教育出版社，2024.

[18] 刘学泉 . 版式设计的构成要素和四大原则 [J]. 上海服饰 , 2024, (2): 184–186.

[19] 谢石城 . 版式设计中的阅读与审美 [J]. 文艺争鸣 , 2020, (1): 196–200.

[20] 章腊梅 . 古籍版式对书籍设计的影响 [J]. 新美术 , 2019, 40 (1): 123–125.

本书内容的电子课件请联系 juanxu@126.com 索取。